愛上小烤箱

家用小烤箱讓你家廚房變成麵包店!

餅乾、司康、蛋糕、瑪芬、麵包,
小烤箱也能做出不輸專業的美味糕點

미니오븐으로 시작하는:
쿠키·빵·케이크
폼나게 만들어 마음껏 자랑하세요

고 상 진
高上振
著

樊姍姍 譯

Prologue

輕 鬆 時 尚 的 烘 焙 新 觀 點

「怎麼做才能讓大家第一次烘焙就上手呢？」這本書就是為了解答這個問題而誕生的。我很清楚很多人即使想挑戰家庭烘焙，也會覺得無法輕易開始。大部分的原因多半是覺得要準備很多道具、花費時間可觀、還需要一定的經驗技術等而造成的心理負擔吧？事實上，家庭烘焙完全不是這麼回事，反而是每個人都可以輕鬆享受的事。

如果從我剛開始接觸烘焙的十多年前來看，在家做麵包並不是一件容易的事。但是現在出現了許多烘焙道具和各種資訊。尤其當麻雀雖小五臟俱全的小烤箱普及之後，每個人都可以輕而易舉地開始進行家庭烘焙。

本書初衷是要讓對烘焙一竅不通的讀者，也可以立刻上手。書中詳盡介紹了烤箱的使用方法，同時從基礎開始完整說明如何製作簡單的餅乾，以及做法稍稍有些複雜的麵包。另外也收錄有司康、瑪芬、磅蛋糕、鮮奶油蛋糕、派等容易製作、風味和外觀時尚出色的人氣食譜，讓你可以大顯身手。現在就來挑戰看看吧！

最後要感謝在本書製作過程中，給予我許多幫助的友人 Verhuny Vianda Kharidini 和 Yang Jeong Su 老師。希望這本書可以讓更多人在生活中享受烘焙的幸福。

高上振

Part 1 餅乾&司康

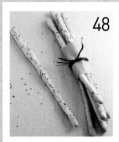

Part 2 磅蛋糕&瑪芬

Contents

Part 3 蛋糕 & 塔

Part 4 麵包

呈現風味與外觀的基本食材

全麥麵粉　可可粉

麵粉　糖粉　杏仁粉

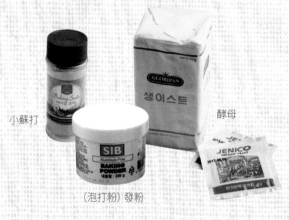

小蘇打　酵母

（泡打粉）發粉

麵粉　根據麩質蛋白含量不同分為高筋麵粉、中筋麵粉與低筋麵粉。麩質蛋白含量高的高筋麵粉用於製作麵包，蛋白質含量低的低筋麵粉用於製作餅乾或蛋糕，中筋麵粉則廣泛使用於一般的麵粉料理中。

全麥麵粉　直接研磨未經碾壓的小麥製作而成的麵粉，纖維質、礦物質與維他命等成分含量較一般麵粉豐富。使用全麥麵粉製作的麵包營養更豐富，麥香也更為馥郁。

可可粉　將可可豆中製作巧克力的原料「可可膏（cocoa mass）」萃取出來後，使用剩餘的部分研磨而成，用於增添餅乾或蛋糕的風味與色澤。建議使用不添加砂糖的純可可粉，可使風味更佳。計量時須視添加的可可粉分量，減去等量的麵粉。

杏仁粉　杏仁去皮後研磨而成，用於餅乾或蛋糕中可增添香醇風味。由於杏仁粉容易酸敗，若未一次使用完畢，剩餘的杏仁粉須以容器密封後置於冰箱中保存。

糖粉　砂糖研磨而成的細緻粉末，主要使用在打發鮮奶油或奶油醬等調味，或是增添餅乾、麵包的甜味。也會灑在餅乾、蛋糕或麵包上做造型，這時須使用添加澱粉的防潮糖粉，避免糖粉凝結成塊。其他情況使用純砂糖製作的糖粉即可。糖粉容易受溼氣及溫度影響，務必使用密封容器保存。

酵母　用於麵團中，使麵包膨脹的一種微生物。分為新鮮酵母和乾酵母兩種，新鮮酵母的風味和效果都很好，但使用上較不方便；乾酵母可以直接加入麵團中，使用便利。以容器密封後置於陰涼處保存。

小蘇打·泡打粉（發粉）　使麵團膨脹的人工膨脹劑，小蘇打就是100%碳酸氫鈉，而泡打粉則是碳酸氫鈉加上酸性鹽及分散劑。小蘇打因為是鹼性成分，與麵粉混合後會起化學作用產生類黃酮色素，使麵團呈黃色。因此，小蘇打多半使用於含有巧克力、黑糖等顏色較深的麵團中。製作蓬鬆或酥脆口感的餅乾時也會使用小蘇打。但添加過量除了會使麵團顏色變黃，也會產生苦味，因此需特別留意。泡打粉則彌補了小蘇打的缺點，苦味較不明顯，也較不會使麵團變色，多用於烘焙白色的麵包和蛋糕。

一旦開始接觸烘焙，多少會接觸到麵粉、奶油、雞蛋等基本食材以外較為陌生的
食材。事先熟悉食材的用途和特性，就能烘焙出想要的風味和外觀喔。

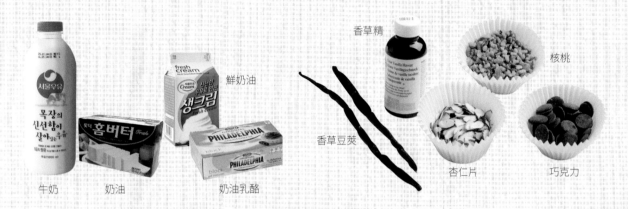

鮮奶油

香草精

核桃

香草豆莢

牛奶　　奶油　　　　　奶油乳酪

杏仁片　　巧克力

牛奶　使麵團柔軟、濕潤、有光澤。也是卡士達醬的主要原料。一般牛奶的風味較低脂牛奶豐富。能使派皮口感酥脆有層次，餅乾和蛋糕口感柔軟。製作餅乾時使用冰涼的奶油，製作蛋糕時使用室溫軟化的奶油。

鮮奶油　以牛奶中分離出來的乳脂肪製作而成，用途和牛奶相同。若以電動打蛋機打發成扎實綿密的奶泡後，則可用於裝飾蛋糕或作為蛋糕內餡。乳脂肪含量愈高愈能打出堅挺的鮮奶油，味道也更好。由於鮮奶油容易在溫度升高後分離，打發時建議將攪拌盆墊在另一個裝有冰塊的盆子上，以維持低溫。以氫化植物油做成的液態鮮奶油雖然不受溫度影響、較容易打發，但風味較缺乏層次。

奶油乳酪（Cream Cheese）　一種未熟成的生乳酪，乳酪特有的氣味較不明顯，主要用於烘焙糕點。奶油乳酪風味香醇、口感微酸，是紐約乳酪蛋糕的主要原料。保存期限較短，所以開封後要立即使用完畢。

香草豆莢・香草精（Vanilla Essence）・香草油（Vanilla Oil）　香草豆莢是發酵後的香草果實，用於增添香甜口感。香草精和香草油都是帶有香草香氣的濃縮液，香氣和色澤濃郁，只需少量添加即能達到效果，同時有助於消除雞蛋腥味，增添甜美柔和香氣。香草精因容易揮發，多用於冷卻食用的餅乾和蛋糕中；香草油則用於需經長時間高溫烘烤的麵包或磅蛋糕中。

堅果類　杏仁、花生、核桃、長山核桃（pecan）等堅果類用於增添餅乾、蛋糕或是派的香氣及酥脆口感。杏仁多半切片或是研磨成粉後使用，而核桃和花生則常切碎後使用。

巧克力　巧克力由可可豆裡萃取出來的可可膏加上牛奶、砂糖、辛香料等食材製作而成，大致可分為黑巧克力、牛奶巧克力和白巧克力三大類。黑巧克力的可可膏含量高，苦味強烈色澤黝黑，適合用於需要濃郁豐富巧克力風味的食譜。牛奶巧克力因添加了牛奶，風味較為溫和。白巧克力則是完全不含可可膏，只使用可可脂（cocoa butter）和各種辛香料製作而成的白色巧克力。巧克力需隔水加熱融化成漿後方能使用。

提升便利性的必備基本道具

磅秤

手持電動打蛋機

篩子

量匙、量杯　　　　攪拌盆

橡皮刮刀

打蛋器　　　毛刷

量匙·量杯　為了正確計量所準備的烹飪基本道具。量匙用於計量一大匙（15毫升）、一小匙（5毫升）、1/2小匙（2.5毫升）等少量單位，而量杯則用於計量較大的單位。通常一杯為200毫升，但是國外也有一杯容量相當於237毫升的量杯，因此使用進口產品時務必事先確認。建議使用可以直接看到刻度的透明量杯。

磅秤　可分為電子磅秤和指針式磅秤。烘焙時需要隨時測量食材和麵團的重量，建議使用電子磅秤較為便利。家庭烘焙使用最小單位為1公克，最大可測量至3公斤的磅秤即可。

攪拌盆　混合食材和攪拌麵團時相當有用。建議選擇便於加熱或冷卻的不鏽鋼製品。深且廣的大型攪拌盆較容易使用，準備幾個尺寸不同的攪拌盆較方便作業。

篩子　為了讓粉粒之間存在空氣，大部分的粉類食材需要事先過篩。篩子用於混合多種食材、使粉類變得蓬鬆細緻，以及篩除雜質。在餅乾或蛋糕等點心上灑糖粉時也相當好用。

橡皮刮刀　用於均勻混合食材及徹底刮除沾附在攪拌盆上的麵糊。矽膠製刮刀在高溫下也可安心使用。小型橡皮刮刀用於製作奶油或是醬汁時相當便利。

手持電動打蛋機　便於攪拌麵團、打蛋或是打發鮮奶油。安裝麵團攪拌器、打蛋器等配件即可使用多種功能，同時節省力氣與時間。

打蛋器　用於混合食材、打蛋或是把奶油打成乳霜狀。打蛋等需要把空氣打進食材時選擇攪拌條緊密的大型打蛋器，混合食材時選擇攪拌條稀疏的小型打蛋器。

毛刷　用於在麵包、蛋糕或餅乾上塗抹糖漿或淋醬。也用於在烤盤或是模具上塗抹融化的奶油或食用油，以防止麵糊沾黏。矽膠刷的刷毛不會脫落，容易清洗和保養。建議選擇尺寸適中的毛刷。

充分準備好道具就能讓烘焙變得容易又簡單。
事先了解各種烘焙道具的特性與用途，即可在需要時適當運用。

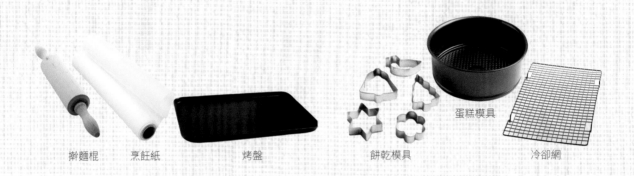

擀麵棍　　烹飪紙　　　　烤盤　　　　　　　餅乾模具　　　　　蛋糕模具　　　冷卻網

擀麵棍　用於擀平或是延展麵團。選擇表面光滑，直徑約3~4公分的擀麵棍。雖然市面上有塑膠製的擀麵棍，但一般較常使用木製擀麵棍。木製擀麵棍使用後一定要待水分完全乾燥後才能收起保管。

烹飪紙　烘焙蛋糕或是瑪芬時鋪在模具內定型，烘烤完後較容易將蛋糕從模具內取出。預先鋪在烤盤上有助於防止餅乾烤焦。有時也可捲成圓錐狀，作為簡易擠花袋使用。

烤盤　烘焙時一定會使用到的基本道具。高度較低的烤盤主要用於烘焙麵包或餅乾，較高的烤盤用於烘焙蛋糕卷等。有不沾塗層的烤盤因麵團不易沾黏、容易取下，使用方便。烘焙口感濕潤的蛋糕時，為維持溫度和溼度，須把蛋糕模具放在預先裝好水的烤盤內再烘烤。

餅乾模具　製作餅乾造型的道具，有動物造型、花草造型等各種造型。材質上也有鋁、矽膠和塑膠等多種選擇。餅乾麵團擀平後以餅乾模具壓出造型即可。使用完畢務必將殘餘的麵團清洗乾淨，完全乾燥後才能收起保管。

蛋糕模具　直徑從18~21公分，各種大小都有。高度也是高低皆有，有用於製作乳酪蛋糕的鋁製模具，鐵製、矽膠製的模具，也有底部可分離的模具。蛋糕烤好時並非將模具倒扣後取出，所以底部分離模具可以打開模具的環狀部分，易於將蛋糕取下。

冷卻網　用於冷卻烤好的餅乾、派、海綿蛋糕等。使餅乾和派口感酥脆、海綿蛋糕口感綿軟的必備道具。剛出爐的餅乾或是蛋糕若是放在不通風的盤子上冷卻，成品會因為吸收濕氣而變軟。所以從烤箱出爐後要馬上放在冷卻網上，完全冷卻後再裝盤。圓形冷卻網適合用於冷卻蛋糕。

熟悉烘焙基本過程與專業用語

粉類食材過篩

粉類食材在使用前先以篩子過濾的過程相當重要。這個過程是為了在粉類食材通過篩子時，濾除可能摻雜在其中的雜質，並將空氣均勻混入粉粒之間，使粉類食材容易和其他食材均勻混合。此外，麵粉中含有豐富空氣時不易結塊或是凝結，質感也會更加細緻鬆軟。雞蛋中的蛋白質是透過空氣的力量打發，所以維持最大量的空氣這點很重要。

雞蛋隔水加熱後打發

打發雞蛋時須以打蛋器充分把雞蛋打散後再加入砂糖。溫暖的狀態下氣泡較易快速且扎實地打出，所以建議隔水加熱到50℃左右的溫水將雞蛋打發。隔水加熱是容易升溫或燒焦的食材常用的加熱方式，除了用於打發雞蛋外也適用於融化巧克力。

奶油 (butter) 打發成乳霜 (cream) 狀

指以打蛋器或是手持電動打蛋機打散並軟化奶油的步驟。奶油軟化且打入空氣後，會轉變成近似美乃滋的質地。奶油打成乳霜狀的作法，主要用於製作磅蛋糕或是餅乾時。使用前一小時將奶油置於室溫中退冰才容易徹底打發，冬天或是氣溫低的地區則以隔水加熱至軟化即可打發。攪打至奶油變白，質感變軟，充分打入空氣至體積有點膨脹變大即可。

調節手持電動打蛋機的速度

以手持電動打蛋機打蛋或是打發鮮奶油時，並不是一律使用高速攪拌就好。手持電動打蛋機高速打出來的氣泡大小不一且粗糙，烘烤的過程會塌陷且導致成品質感不佳。所以一開始以高速打發到一定程度後，須將速度轉為最低速，繼續攪拌2~3鐘，使氣泡綿密細緻。

簡單整理打發雞蛋、過篩等烘焙基本過程和用語。
預先熟悉這些過程和用語，不僅將食譜一目瞭然，烘焙時也更得心應手。

奶油與雞蛋均勻混合不分離

奶油和雞蛋就像水和油一樣彼此不會相溶，所以混合兩種食材時要特別留意。奶油是由油脂凝固而成，而雞蛋主要是由水所構成，彼此不易互相混合。但是雞蛋內含有助於混合油脂的卵磷脂成分——和純水不同——因此可以和油脂混合。奶油須先打成乳霜狀後再放入雞蛋攪拌。這時要注意，若將雞蛋一次全部倒入，卵磷脂將無法充分發揮作用，雞蛋和奶油也會分離成豆花般的碎塊。因此，雞蛋要分數次少量加入才能混合均勻不分離。

盡速混合雞蛋與粉類食材

迅速完成混合打發雞蛋以及過篩粉類食材的步驟非常重要。將塑膠刮刀伸到碗底，將底層食材翻攪至表面，另一手則以反方向旋轉攪拌盆，迅速混合均勻。一面利用刀刃確認麵糊中是否還有尚未攪散的粉料，一面攪拌食材。

直立刮刀切拌奶油

將刮刀或是刮板的刀刃直立，像切奶油一樣將冰涼的奶油和麵粉攪拌均勻。扎實的奶油和麵粉若經過搓揉攪拌，奶油的氣孔會消失，使麵團變得堅硬。而若利用刮刀的刀刃像切奶油一樣混合奶油與粉料的話，麵粉和奶油則會黏在刀刃上，可自然地混合且更省力。

● 製作蛋糕麵糊的兩種方法 ●

製作蛋糕麵糊的方法大概可以按照打發雞蛋的方式分為兩種。分別為直接打發全蛋的「全蛋法」，以及蛋黃和蛋白分開後各別打發的「分蛋法」。製作海綿蛋糕時常使用「全蛋法」，優點是氣孔比「分蛋法」綿密，口感較扎實細緻。而「分蛋法」雖然因為要分別打發蛋黃和蛋白比較麻煩，但是氣泡不容易塌陷，即使是初學者也能輕易成功。口感比「全蛋法」更為柔軟、溼潤，主要用於製作需要彈性可捲曲的蛋糕卷，以及水分豐富的戚風蛋糕。

發酵麵團

製作麵團或是派皮的時候，必須要經過發酵的過程，將麵團在一定的溫度下靜置一段時間，以提升風味和質感。一般會在27~35℃的溫度下發酵。在家裡最容易發酵的方式，就是使用具有發酵功能的烤箱。如果烤箱沒有發酵功能的話，可以使用最低溫將烤箱預熱後將麵團放入發酵，或是以高溫將烤箱加熱一小時後關掉，以餘熱發酵。手指沾上一點麵粉後按壓麵團，如果按壓的痕跡維持一段時間沒有消失就表示發酵完成。

搓揉成團

這個步驟是將麵團放在手掌上，另一手輕輕抓握，在手掌上搓揉成圓形，以使麵團表面變得光滑。雙手包覆住麵團往同一方向搓揉，將揉過的表面順勢搓揉到底部，反覆搓揉至麵團表面呈光滑狀為止。搓揉麵團除了整理麵團的形狀以外，也是為了排除發酵過程中所產生的二氧化碳。

靜置醒麵

指製作麵團過程中，以保鮮膜或棉布覆蓋麵團，暫時靜置的步驟。麵團靜置的過程，麵粉、酵母和水分等成分會相互產生作用。依麵團的種類差異，會於室溫下或是冰箱裡醒麵。

去除模具內多餘空氣

攪拌麵糊的過程中或是將麵糊倒入模具時，隨時會有多餘空氣混入麵糊，破壞均勻攪拌好的麵糊。如果直接放入烤箱烘烤的話，可能會使表面塌陷或口感粗糙，所以進烤箱前務必要先去除模具內多餘的空氣。麵糊倒入模具後，把模具稍微舉高離開桌面，再放手讓模具自然落到桌面上，重複這個動作2~3次以排除空氣。

餡料 (Filling)

填入麵包、蛋糕或是派裡的內餡。有使用鮮奶油或奶油製作的奶油類餡料，也有使用砂糖熬煮堅果類或是水果製作而成的餡料。

配料（Topping）

指在烘焙的最後階段灑上一起烘烤，或是單純用於裝飾的巧克力、堅果類、水果等食材本身，也指灑上配料的動作本身。將奶油或是其他醬料淋在麵團上，也被稱為topping。

亮光（Glaze）

為了使餅乾、麵包或是蛋糕更加賞心悅目，或是為了增添光澤而塗抹的食材，也指塗抹的動作本身。在麵團進烤箱前，以毛刷塗抹在表面。主要使用的食材有糖漿、果醬、蛋液及咖啡等，也有市售產品。

糖霜（Icing）

擠在餅乾上妝點造型，以糖粉、食用色素和水等混合後製作而成的食材。也指將打發鮮奶油或是奶油餡塗抹在蛋糕上，使表面變得光滑的動作。主要用於製作餅乾、鮮奶油蛋糕以及妝點杯子蛋糕時。

● 製作美味派皮的小秘訣 ●

製作派皮的重點在於烘烤時能呈現層次分明的酥脆口感。奶油是口感酥脆的關鍵，製作過程中要留意保持冷卻狀態，不要讓奶油融化。

1 製作麵團的所有食材在使用前都要置於冰箱內冷藏降溫。
2 麵粉和奶油混合時，將刮板直立，像切奶油一樣切拌麵團。奶油和麵粉要均勻混合才能做出層層酥脆的派皮。
3 不要用雙手長時間搓揉或是揉捏麵團。手的溫度會融化奶油，使麵團變硬。
4 麵團中的奶油沒有融化且整體呈現鬆散柔軟的狀態時，集中成一團放入冰箱，充分靜置一小時以上醒麵。
5 麵團放入模具後再度放入冰箱靜置30分鐘以上。這樣才能避免派皮變得過硬。
6 使用叉子在放入模具的麵團上戳洞，防止底部麵團在烘烤過程中膨脹變形。

烘焙常用的基本技巧

打發鮮奶油

作為蛋糕等內餡時，鮮奶油要打發得較柔軟；塗抹在蛋糕上或是作為裝飾時，要打發得較為堅挺。空氣不夠多時，鮮奶油會像水一樣無法使用，但如果打得太久鮮奶油會變得粗糙，風味和外觀也會變差，因此務必熟記適用於各種用途的打發程度。打發的鮮奶油稱為打發鮮奶油（whipping cream）。

食材 鮮奶油100公克、砂糖10公克

1 冰涼的鮮奶油倒入攪拌盆中。鮮奶油使用前需放在冰箱冷凍30分鐘以上降溫。

2 手持電動打蛋機放入裝有鮮奶油的攪拌盆中，保持稍微碰到盆底的狀態，以最高速畫圈攪拌。鮮奶油打發時顏色也會變得柔和。

3 空氣稍微變多的時候放入砂糖繼續攪拌。四處移動電動打蛋機，留意泡沫是否有順利產生。

4 持續以最高速攪拌至鮮奶油充滿空氣、閃爍光澤、變得扎實。

5 以最低速攪拌一分鐘左右使鮮奶油中的氣孔變得細密均勻。

• 不同打發程度的用途 •

60%打發鮮奶油 舀起鮮奶油時，會輕輕往下落的程度。
▶ 用於混合奶油乳酪或是卡士達醬作為內餡時

70%打發鮮奶油 舀起鮮奶油時，雖然堅挺但尾端會稍微下彎的程度。
▶ 用於塗抹鮮奶油蛋糕或是作為蛋糕卷的內餡

80%打發鮮奶油 舀起鮮奶油時，鮮奶油堅挺且尾端挺立的程度。
▶ 用於製作卡士達醬

打發鮮奶油以及製作蛋白霜等，都是烘焙時經常出現的過程。這些過程將會左右餅乾或蛋糕的風味，所以需要熟記基本要領。看著照片按部就班地跟著做做看吧！

製作蛋白霜 (Meringue)

蛋白加入砂糖充分打發後的成品稱為蛋白霜。可以直接烘烤做成蛋白霜餅乾，也可以用於製作糖霜。蛋白霜用於多種麵糊中，是呈現豐富風味的重要成分。蛋白霜的種類大致可分為三種。冰鎮蛋白放入砂糖後打發的冷蛋白霜 (cold meringue)、蛋白加溫後打發的加溫蛋白霜、以及使用溫熱的糖漿取代砂糖製作的義式蛋白霜 (Italian meringue)。烘焙中主要使用的是冷蛋白霜。以下是冷蛋白霜的製作方法。

食材 蛋白2顆、砂糖100公克

1
蛋白倒入洗淨且完全乾燥的攪拌盆中。

2
將手持電動打蛋機開至最高速，畫圈攪拌，打發蛋白。

3
蛋白產生氣泡、顏色變白且變得堅挺時，放入1/3的砂糖後繼續攪拌。

如果一次將砂糖全數放入的話，蛋白將不容易打發，且會花更長的時間。所以需要分成三次以上，逐次加入砂糖。

4
每隔一分鐘分次放入剩餘砂糖，並繼續攪拌。

5
蛋白變得堅挺後將打蛋機轉至最低速度攪拌1~2分鐘。使氣泡變得細緻均勻。

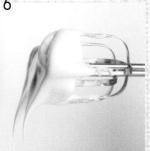
6
以打蛋機舀起蛋白霜時，呈堅挺狀且尾端稍微下彎即可。

Tip
打發蛋白霜時攪拌盆一定不能有油脂或是其他異物殘留。須使用乾淨且完全乾燥的攪拌盆。若要製作更堅挺且細密的蛋白霜，可以添加少許酒石酸或檸檬汁。

擠花袋使用方法

擠花袋是在製作餅乾、蛋糕或瑪芬時經常使用的實用道具。特別是要將麵糊擠入模具中、擠在烤盤上，或將打發鮮奶油擠在蛋糕、瑪芬上裝飾時都相當便利。擠花嘴則是套在擠花袋上搭配使用的配件，可將麵糊或是鮮奶油塑造出各種形狀。擠花袋不管填入哪種食材，使用方法都毫無差別，所以只要熟悉使用方法即可活用於各種食譜。

1

在擠花袋密封的尾端配合擠花嘴的大小剪出適當的洞口。

2

將擠花嘴從擠花袋內推到底部確實固定好，使擠花嘴不致脫落或鬆動。

3

擠花袋入口朝外，對半反摺。

擠花袋不好用手抓握的話，可以將擠花袋套在大杯子上再填入麵糊。

4

手從下方抓握擠花袋，利用刮刀填入麵糊。

5

裝好麵糊的擠花袋平放在台上，以塑膠刮板將麵糊刮向擠花嘴的方向。

6

擠花袋入口轉幾圈後以一手抓緊，另一手扶著擠花袋擠出麵糊。

● 使用烘焙紙製作簡易擠花袋 ●

烘焙紙可以做出拋棄式擠花袋。在餅乾、蛋糕或是巧克力上書寫小字等製作細部裝飾時相當實用。

 →  →  →

攤開烘焙紙，以剪刀剪成三角形。

抓住烘焙紙一端，捲成圓錐狀。

烘焙紙捲到底呈圓錐狀時，將入口部分往內摺固定形狀。

以剪刀剪去尾端。

正確使用烤箱，烘焙變得更簡單

花了許多時間精心準備完成的麵糊，要放進烤箱之前請先等等！了解正確的烤箱
使用方法再開始吧。徹底認識烤箱正是製作美味麵包和餅乾的重要關鍵。

預熱最重要

使用烤箱料理食物之前，最重要的事情就是預
熱烤箱。烤箱若要達到180℃，並非直接加熱到
180℃即可，而是要加熱至更高的溫度後，再逐漸
降溫才會到達180℃。因此，如果尚未完成預熱就
將麵糊放入烤箱，麵糊可能會因為溫度太高而烤
焦。務必牢記烘焙要從預熱開始。

烘焙過程中不要打開烤箱

麵糊烘烤的過程當中如果打開烤箱的話，穩定上升的內部溫度可能會瞬間下滑，溼氣也會下降。溼度下降的
話，將使完成品乾硬或外觀扁平。特別是蛋糕或是泡芙的麵糊，可能會有無法順利膨脹的風險。若要確認是否
烘烤成功，建議等到麵糊已經呈現金黃色後再打開烤箱確認。

掌握烤箱的特性

根據烤箱加熱的原理、或是原理相同但機種的不同，每個烤箱烘焙出來的成果都不一樣。所以徹底掌握自家烤
箱的特性，才能做出風味與外觀理想的成果。下火特別強的烤箱可以重疊兩張烤盤烘烤，或是將烤盤放在上層
以緩和溫度。相對的，上火特別強的烤箱表面容易烤焦，可以使用鋁箔紙覆蓋烤盤或放在最下層烘烤。或是在
上層放入烤盤阻隔火力也可以。成品的前後或是左右經常出現焦痕的話，可以變換烤盤方向、旋轉模具或者對
調麵團方向。

烤箱和麵包、餅乾也有速配指數

烤箱大致可以分為兩種類型：一般烤箱 (deck oven) 和對流式烤箱 (convection
oven)。一般烤箱只有單純以上火和下火的方式加熱；而對流式烤箱中間有風
扇，透過熱空氣均勻循環的方式加熱。對流式烤箱建議在烘烤甜餅 (cookie)、片
狀餅乾 (biscuit) 或是麵包時使用；而一般烤箱則適用於烘烤蛋糕。使用對流式
烤箱烘烤蛋糕時，記得先關閉對流功能或是使用鋁箔紙覆蓋麵糊，有助於防止麵
糊表面過於乾燥。

cookie

scone

甜蜜的巧克力碎片餅乾、五彩繽紛的糖霜餅乾、清淡高雅的司康……
現在在家也能自己做!做出好吃又好看的餅乾其實一點也不難,作為禮物也很棒。
向周遭好友show一下好手藝吧!

基本餅乾製作方法

和麵包或蛋糕不同，想要烤出好吃的餅乾，麵團一定要維持在冰涼的狀態。
熟知基本技巧後就絕對不會失敗。

食材 (10片份)

低筋麵粉 —————— 130 g
砂糖 —————————— 35 g
食鹽 —————————— 1 g
奶油 —————————— 60 g
蛋黃 —————————— 1顆
牛奶 —————————— 1小匙

事前準備

1 奶油和雞蛋使用前先在室溫
　下退冰1小時。
2 低筋麵粉預先過篩。
3 烤盤上預先鋪好烘焙紙。
4 烤箱以180℃預熱。

1 奶油打發成乳霜狀

奶油放入攪拌盆中以打蛋器打散成顏色變白、質地柔軟的乳霜狀。如果奶油不易打散，可以將攪拌盆墊在裝有溫水的大盆上，在隔水加熱的狀態下攪拌。

2 混合砂糖

奶油變白且體積較最初狀態膨脹後，即可加入砂糖使用打蛋器攪拌。奶油和砂糖充分混合後，繼續快速攪拌兩分鐘。透過這樣高速攪拌可以將空氣打入奶油中，使餅乾口感香脆鬆軟。

3 混合蛋黃

奶油變得雪白且充分打入空氣後，將蛋黃打散分三次加入奶油混合均勻。每次放入蛋黃時須將蛋黃與奶油充分混合，待加入的蛋黃變白後才能再次加入蛋黃。重複這個過程直至蛋黃完全混合均勻、砂糖溶化且奶油成乳霜狀。

● 製作餅乾造型的幾種方法 ●

以湯匙舀取

使用湯匙舀起麵團後直接放在烤盤上烘烤。在烘烤過程中麵團會延展成圓形薄片。主要使用於製作巧克力碎片餅乾或是燕麥餅乾等。

使用餅乾模具按壓

麵團以擀麵棍擀平後使用餅乾模具壓出各種造型，是最常使用的方法。以糖霜餅乾和薑餅人最具代表性。麵團水分少才不會變形，所以這種方法主要用於只使用奶油、砂糖和麵粉製作的麵團上。

使用擠花袋‧餅乾擠花器 (cookie press) 擠壓

將柔軟的麵糊放入擠花袋或是餅乾擠花器，並擠壓在烤盤上烘烤，代表性的例子是奶油小圈餅。重點在於擠壓麵糊時要注意，使麵糊在烘烤時不會潰散或是過度膨脹。

使用刀切

麵團揉整成圓筒狀等造型後，以烘焙紙包裹放入冰箱冷凍固定形狀，再以刀子切成適當大小後烘烤。代表性的餅乾有紅茶餅乾或是可可餅乾。可以一次做好較多麵團放在冰箱冷凍，之後再切下需要的分量烘烤後即可享用。

4	5	6	7

 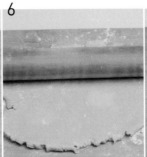  

製作麵團

加入麵粉，一手扶住攪拌盆，另一手以塑膠刮刀翻攪麵團。攪拌至沒有生麵粉殘留即可停止。如果再繼續攪拌下去麵粉會產生筋性，餅乾會變得乾硬。

靜置醒麵

將麵團整成圓形後放入塑膠袋，在冰箱裡冷藏靜置30分鐘左右醒麵。

擀平麵團

醒好的麵團以雙手分成兩等分稍微搓揉約30秒左右，放在灑了少許麵粉的工作台上，以擀麵棍擀成約1公分厚的麵團。

做出造型後放入烤箱烘烤

麵團以模具做出想要的造型後放在烤盤上，放入烤箱以170℃烤15分鐘。

Tip 根據餅乾種類不同，有時使用砂糖，有時則使用糖粉。使用砂糖時餅乾會膨脹；而使用糖粉時餅乾較不易膨脹，能維持原本的造型。舉例來說，巧克力碎片餅乾等需要膨脹成較大體積的餅乾會使用砂糖；糖霜餅乾等需要維持造型的餅乾則會使用糖粉。

巧克力碎片餅乾

放入滿滿的香甜巧克力，光看就能感受到甜蜜滋味的餅乾。
烘焙重點是增添溼潤口感的黑砂糖！

材料 (10片份)

中筋麵粉 ——————120g
泡打粉 ————————1g
小蘇打 ————————1g
食鹽 —————————2g
白砂糖 ———————40g
黑砂糖 ———————70g
奶油 ————————71g
蛋黃 ———————1/2顆
香草精 —————1/2小匙
巧克力碎片 ———100g
巧克力 ——————42g

配料 (topping)
巧克力碎片 ————適量

事前準備

1 奶油和雞蛋使用前先在室溫
　下退冰1小時。
2 巧克力切成小塊。
3 中筋麵粉、泡打粉、小蘇打預
　先過篩。
4 烤箱以180℃預熱。

1 混合奶油‧食鹽‧砂糖
奶油以打蛋器打發成乳霜狀後，加入食鹽、黑砂糖、白砂糖均勻混合至奶油呈淺褐色為止。

2 混合香草精‧蛋黃
將香草精加入①，蛋黃打散後分三次加入，混合均勻。

3 混合粉類食材
將過篩的粉類食材加入②，以塑膠刮刀混合均勻。

4 放入巧克力及碎片
加入巧克力碎片及切成小塊的巧克力，以塑膠刮刀輕輕攪拌至沒有生麵粉殘留。

5 將麵團放上烤盤
以湯匙舀出適量麵團放上烤盤，麵團間須保留適當間距，使彼此不會互相沾黏。

6 將麵團放進烤箱烘烤
在麵團上以少許巧克力點綴後放入烤箱，以180℃烤約10~15分鐘。

 可加入烤過的碎核桃增加香氣。

糖霜餅乾

使用喜歡的餅乾模具做出各式各樣的餅乾吧。
以天然色素點綴色彩與花樣，屬於你最獨特的可愛造型餅乾誕生了！

材料 (10片份)

低筋麵粉	130 g
糖粉	40 g
食鹽	1 g
奶油	60 g
蛋黃	1顆
牛奶	1小匙

糖霜 (icing)

蛋白	1顆
糖粉	140~150 g
檸檬汁	1小匙
天然色素	適量

事前準備

1 奶油和雞蛋使用前先在室溫
  下退冰1小時。
2 低筋麵粉預先過篩。
3 烤箱以170℃預熱。

1 混合奶油・食鹽・糖粉

奶油以打蛋器打發成乳霜狀後，加入糖粉、食鹽均勻混合至奶油變成白色為止。

2 混合蛋黃

將蛋黃打散後分三次加入①混合均勻。

3 混合低筋麵粉・牛奶後整形

將過篩的低筋麵粉加入②，以塑膠刮刀輕輕攪拌後，倒入牛奶攪拌至沒有生麵粉殘留後，將麵團整成圓形。約10~15分鐘。

4 靜置醒麵

麵團稍微壓扁後放入塑膠袋，在冰箱裡冷藏靜置30分鐘左右醒麵。

5 擀平麵團

醒好的麵團分成兩等分後分別壓扁，放在灑了少許麵粉的工作台上，以擀麵棍平整地擀成約1公分厚的麵團。

6 壓出造型

使用餅乾模具在擀平的麵團上壓出造型。

7 將麵團放進烤箱烘烤

壓好造型的麵團小心維持造型移到烤盤上，麵團間彼此間隔一定的距離，放入烤箱以170°C烤15分鐘。餅乾表面呈金黃色時即可取出，放在冷卻網上降溫。

8 製作糖霜

蛋白與糖粉以打蛋器充分混合均勻後加入檸檬汁，接著酌量添加色素調和成想要的顏色。

9 以糖霜裝飾

使用烘焙紙製作拋棄式擠花袋後裝入糖霜。將糖霜擠在烤好的餅乾上做出造型。

擀麵團時注意不要灑太多麵粉，否則餅乾會變乾硬。在工作台上鋪烘焙紙或保鮮膜，會比較容易擀平麵團。

奶油小圈餅

人稱作法超簡單的餅乾。
香酥濃郁的口感超越市面上販賣的現成品，超乎想像的驚人美味。

材料 (18~20片份)

低筋麵粉	100g
食鹽	1g
砂糖	50g
奶油	70g
蛋黃	1/2顆
香草油	1/2小匙

事前準備

1 奶油和雞蛋使用前先在室溫
　下退冰1小時。
2 低筋麵粉預先過篩。
3 將星形擠花嘴安裝在擠花袋
　上。
4 烤箱以180℃預熱。

1 混合奶油・食鹽・砂糖

奶油以打蛋器打發成乳霜狀
後，加入食鹽、砂糖均勻混合
至奶油變成白色為止。

2 混合香草油・蛋黃

香草油加入①，將蛋黃打散
後分三次加入並混合均勻。

3 混合低筋麵粉

將過篩的低筋麵粉加入②，
以塑膠刮刀輕輕攪拌至沒有
生麵粉殘留。

4 麵糊填入擠花袋

將麵糊填入已裝好擠花嘴的
擠花袋內。

5 將麵糊擠在烤盤上

擠花袋抓在手中，在烤盤上
將麵糊擠出圓圈狀的造型。

6 放進烤箱烘烤

放入烤箱以180℃烤10~12
分鐘。

> 攪拌麵粉時輕輕攪拌至看不到生麵粉即可。攪拌過久的
> 話，會產生過多筋性，烤出來的餅乾會變得乾硬。

蔓越莓燕麥餅乾

酸甜的蔓越莓和清淡的燕麥是天生絕配。
美味和營養兼具，男女老少咸宜的健康餅乾。

材料 (10片份)

中筋麵粉	50g
全麥麵粉	13g
燕麥	55g
泡打粉	2g
肉桂粉	1g
食鹽	1g
白砂糖	30g
黑砂糖	55g
奶油	57g
雞蛋	1/2顆
香草油	5滴
蔓越莓	50g

事前準備

1 奶油和雞蛋使用前先在室溫下退冰1小時。
2 中筋麵粉、全麥麵粉、泡打粉、肉桂粉預先過篩。
3 烤箱以180℃預熱。

1 混合奶油·食鹽·砂糖

奶油以打蛋器打發成乳霜狀後，加入食鹽、白砂糖、黑砂糖均勻混合至奶油變成褐色為止。

2 混合香草油·雞蛋

香草油加入①，將雞蛋打散後分兩次加入並混合均勻。

3 混合粉類食材·燕麥·蔓越莓

將過篩的粉類食材加入②，蔓越莓和燕麥也一起放入後，以塑膠刮刀輕輕攪拌至沒有生麵粉殘留。

4 將麵團放上烤盤

以湯匙舀出適量麵團放上烤盤，注意麵團間須保留適當間距。

5 將麵團放進烤箱烘烤

放入烤箱以180℃烤10~15分鐘。餅乾邊緣呈金黃色時即可取出。

 以葡萄乾取代蔓越莓烤出來的餅乾也很好吃喔。

薑餅人

散發生薑香味的可愛人型餅乾。
和孩子攜手壓出造型，再用糖霜裝飾美味的餅乾吧！

材料 (10~15片份)

低筋麵粉 ————————120g
泡打粉 ————————1/4小匙
生薑粉 ————————3g
肉豆蔻粉 ————————1g
砂糖 ————————40g
奶油 ————————60g
蛋黃 ————————1顆
柑橘精————————1滴

糖霜 (icing)

蛋白 ————————1顆
糖粉 ————————140~150g
檸檬汁 ————————1小匙
天然色素 ————————適量

事前準備

1 奶油和雞蛋使用前先在室溫
　下退冰1小時。
2 低筋麵粉、泡打粉、生薑粉、
　肉豆蔻粉預先過篩。
3 烤箱以170℃預熱。

1 混合奶油‧砂糖

奶油以打蛋器打發成乳霜狀後，加入砂糖、柑橘精均勻混合至奶油變成白色為止。

2 混合蛋黃後打發

蛋黃分兩次加入①後打發至奶油呈現光亮色澤。打發過程中注意使奶油與雞蛋混合均勻不分離。

3 混合粉類食材

將過篩的粉類食材加入②，以塑膠刮刀輕輕翻攪。

4 靜置醒麵

麵團放入灑了少許麵粉的塑膠袋中，在冰箱裡冷藏靜置30分鐘左右醒麵。

5 擀平麵團

醒好的麵團分成兩等分後以雙手稍微搓揉約30秒，放在灑了少許麵粉的工作台上，以擀麵棍擀成約1公分厚的麵團。

6 將麵團壓出造型後放進烤箱烘烤

使用薑餅人模具在麵團上壓出造型後放上烤盤，放入烤箱以170℃烤15分鐘。餅乾表面呈金黃色時即可取出。

7 製作糖霜

蛋白與糖粉以打蛋器充分混合均勻後加入檸檬汁，再酌量添加色素調和成想要的顏色。

8 以糖霜裝飾

使用烘焙紙製作拋棄式擠花袋後裝入糖霜。將糖霜擠在烤好的餅乾上做出造型。

 使用市售的糖霜筆製作會更方便。糖霜已裝在筆管中，易於描繪造型。

可可餅乾

香脆杏仁片滿滿鑲嵌在色澤濃黑的可可餅乾中，好吃又好看。
製作麵團時要將杏仁片混合均勻，烘烤後才不會脫落。

材料（20片份）

低筋麵粉	120g
可可粉	8g
泡打粉	1g
黃砂糖	50g
奶油	70g
蛋黃	1顆
柑橘精	3滴
杏仁片	50g

事前準備

1 奶油和雞蛋使用前先在室溫
　下退冰1小時。
2 低筋麵粉、可可粉、泡打粉
　預先過篩。
3 烤箱以170℃預熱。

1 混合奶油‧砂糖

奶油以打蛋器打發成乳霜狀後，加入黃砂糖、柑橘精均勻混合至奶油變成白色為止。

2 混合蛋黃後打發

蛋黃分兩次加入①後打發至奶油呈現光亮色澤。打發過程中記得充分攪拌，使砂糖混合均勻不殘留顆粒。

3 混合粉類食材

將過篩的粉類食材加入②，以塑膠刮刀輕輕翻攪。

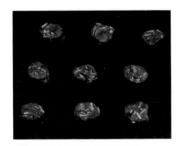

4 混合杏仁片

將杏仁片放入麵團中，均勻混合至沒有生麵粉殘留，並以刮刀將之集中成團。

5 揉成圓柱狀

將麵團放在灑了少許麵粉的工作台上，搓揉成直徑約4公分的圓柱。大致成形後以烘焙紙包裹麵團。

6 固定麵團

將麵團放入冰箱冷凍1小時以上固定形狀。

7 將麵團放進烤箱烘烤

將形狀固定好的麵團切成約7公釐厚的小塊後放上烤盤，放入烤箱以170℃烤15~20分鐘。

 記得選用不含糖的可可粉。

紅茶全麥餅乾

口味清淡,下午茶時間備受青睞的餅乾。
除了香醇的紅茶外,搭配咖啡一起品嚐也很適合呢。

材料 (25片份)

低筋麵粉	70 g
全麥麵粉	30 g
杏仁粉	20 g
紅茶粉	2 g
食鹽	1 g
糖粉	40 g
奶油	65 g
牛奶	1大匙

事前準備

1 奶油使用前先在室溫下退冰
　1小時。
2 低筋麵粉、全麥麵粉、杏仁
　粉、紅茶粉預先過篩。
3 烤箱以170℃預熱。

1 混合奶油・食鹽・糖粉・牛奶
奶油以打蛋器打發成乳霜狀後，加入糖粉、食鹽、牛奶均勻混合至奶油變成白色為止。

2 混合粉類食材
將過篩的粉類食材加入①，以塑膠刮刀輕輕翻攪至沒有生麵粉殘留為止。

3 揉捏麵團
以手按壓麵團，稍微揉捏後揉整成一團。

4 做出造型
將烘焙紙鋪在工作台上，將麵團放在烘焙紙上捏整成長方形。

5 固定麵團
以烘焙紙將麵團捲在其中，摺起兩側多餘的烘焙紙包覆麵團。放入冰箱冷凍30分鐘至1小時徹底固定形狀。

6 麵團切塊
將形狀固定好的麵團切成約7公釐厚的小塊。

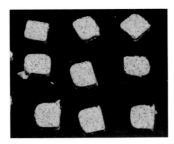

7 將麵團放進烤箱烘烤
將麵團整齊放上烤盤，放入烤箱以170°C烤15~20分鐘。

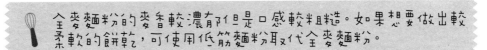

全麥麵粉的麥香較濃郁但是口感較粗糙。如果想要做出較柔軟的餅乾，可使用低筋麵粉取代全麥麵粉。

杏仁餅乾

適合在任何場合享用的餅乾。杏仁粉帶來香醇的風味，
杏仁片除了增添口感，也讓餅乾看起來更好吃。

材料 (12片份)

低筋麵粉	90g
杏仁粉	25g
泡打粉	0.6g
小蘇打	1.2g
砂糖	30g
糖粉	20g
奶油	50g
牛奶	2大匙
杏仁片	20g

配料 (topping)

杏仁片	適量

事前準備

1 奶油使用前先在室溫下退冰
　1小時。
2 低筋麵粉、杏仁粉、泡打粉、
　小蘇打預先過篩。
3 烤箱以180℃預熱。

1 混合奶油・砂糖・糖粉・牛奶
奶油以打蛋器打發成乳霜狀後，加入砂糖、糖粉、牛奶均勻混合至奶油變成白色為止。

2 混合粉類食材・杏仁
將過篩的粉類食材和杏仁片加入①，以塑膠刮刀輕輕翻攪至沒有生麵粉殘留為止。

3 揉捏麵團
用手按壓麵團，稍微揉捏後揉整成一團。

4 做出造型
將麵團分成每份約15g的小麵團後捏整成扁圓狀。

5 麵團放上烤盤
將麵團整齊放上烤盤後以手指壓平。

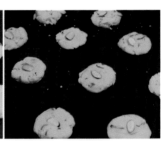

6 將麵團放進烤箱烘烤
在每片麵團上點綴一片杏仁片，放入烤箱以180℃烤15分鐘。

沒有杏仁片的話，也可以使用整顆杏仁切碎做成的杏仁角。

布列塔尼奶油酥餅
(Galette Bretonne)

布列塔尼奶油酥餅是充滿奶油香的法國點心。
因為比一般餅乾厚，要烤比較久才能徹底烤熟。

材料 (6~8片份)

低筋麵粉	100 g
糖粉	60 g
香草豆莢	1/3支
奶油	100 g
蛋黃	1顆
牛奶	2大匙

蛋液 (glaze)

蛋黃	1顆
即溶咖啡	1g

事前準備

1 奶油和雞蛋使用前先在室溫
　下退冰1小時。
2 低筋麵粉預先過篩。
3 混合蛋黃和即溶咖啡製作成
　蛋液備用。
4 烤箱以170℃預熱。

1 混合食材

奶油以打蛋器打發成乳霜狀後，加入從香草豆莢上刮下的香草籽、糖粉混合均勻至奶油變成白色為止。將蛋黃打散後分兩次加入混合均勻。

2 混合牛奶

將牛奶慢慢地加入①混合均勻，注意使牛奶和其他食材不分離。

3 混合低筋麵粉

將過篩的低筋麵粉加入②，以塑膠刮刀輕輕翻攪至沒有生麵粉殘留後揉整成一團。

4 靜置醒麵

將麵團裝入塑膠袋後拍打捏整成扁平狀，在冰箱裡冷藏靜置1小時左右醒麵。

5 擀平麵團

將醒好的麵團放在灑了少許麵粉的工作台上，以擀麵棍擀成約1公分厚的麵團。

6 壓出造型

使用直徑6公分的餅乾模具，在擀平的麵團上壓出造型。

7 裝入布列塔尼奶油酥餅專用模具中

將⑥的麵團逐一裝入布列塔尼奶油酥餅專用模具中。沒有專用模具的話直接放在烤盤上即可。

8 刷上蛋液

將蛋液均勻刷在麵團表面上。

9 將麵團放進烤箱烘烤

使用叉子刮過表面做出造型後，放入烤箱以170℃烤15分鐘。麵團往上膨脹且表面呈淺黃色時即可取出。

 表面呈淺黃色時馬上取出放在冷卻網上，靜置30分鐘以上充分降溫。

雪球（Snowball）

如雪花凝結成大小不一雪球般的可愛造型餅乾。
糖粉滋味香甜，香草的芬芳更大大提升了優雅層次。

材料 (15~18份)

低筋麵粉 —————— 90g
大米麵粉 —————— 30g
杏仁粉 ——————— 40g
糖粉 ————————— 45g
奶油 ———————— 100g
牛奶 ———————— 1大匙
香草油 ——————— 5滴
碎核桃 ——————— 50g

配料 (topping)

糖粉 ———————— 適量

事前準備

1 奶油使用前先在室溫下退冰
　1小時。
2 低筋麵粉、大米麵粉、杏仁
　粉、糖粉預先過篩。
3 烤箱以170℃預熱

1 混合奶油・糖粉
奶油以打蛋器打發成乳霜
狀後，加入糖粉、牛奶、香
草油均勻混合至奶油變成白
色為止。

2 混合粉類食材・核桃
將過篩的低筋麵粉、米粉、
杏仁粉、碎核桃加入①，以
塑膠刮刀輕輕均勻翻攪，直
到沒有生麵粉殘留為止。

3 靜置醒麵
將麵團裝入塑膠袋中拍打捏
整成扁平狀後，在冰箱裡冷
藏靜置1小時左右醒麵。

4 做出造型
將麵團分成每份約10公克的
小麵團，接著揉成鳥蛋大小
的圓球。

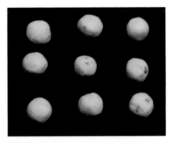

5 將麵團放進烤箱烘烤
放入烤箱以170℃烤15~20
分鐘，冷卻後均勻沾上糖粉
裝飾。

 也可使用杏仁角取代核桃加入麵團中。

比斯考堤義式脆餅
(Biscotti)

比斯考堤在義大利語中是「烤兩次」的意思。
由於烤了兩次，所以格外香脆好吃。
一不小心就會烤焦，因此一定要精準掌握正確的烘烤時間喔。

材料 (15份)

低筋麵粉	100g
杏仁粉	40g
泡打粉	1/2小匙
黃砂糖	70g
奶油	30g
雞蛋	1顆
香草油	1/4小匙
整顆杏仁	50g
蔓越莓	30g

事前準備

1 奶油加熱融化成液狀。
2 低筋麵粉、杏仁粉、泡打粉
　預先過篩。
3 整顆杏仁放在乾燥的烤盤上
　進烤箱稍微烤一下。
4 烤箱以160℃預熱。

1 混合雞蛋・砂糖

雞蛋以打蛋器打發後，加入砂糖均勻混合至砂糖融化為止。

2 混合香草油

砂糖完全融化後，加入香草油混合均勻。

3 混合粉類食材・杏仁・蔓越莓

將過篩的粉類食材、杏仁以及蔓越莓加入②，以塑膠刮刀輕輕混合均勻。

4 混合奶油

將融化的奶油加入③後，以塑膠刮刀攪拌至麵團凝結成一團。

5 將麵團放進烤箱烘烤

將麵團放在灑了少許麵粉的工作台上捏整成扁平狀後，放入烤箱以160℃烤20~25分鐘。

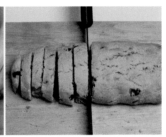

6 將比斯考堤切塊

烤好的比斯考堤冷卻後，切成約1.5公分厚的小塊。

7 放進烤箱二次烘烤

把切好的比斯考堤放上烤盤送進烤箱，以160℃烤10~15分鐘。

 兩次烘烤的過程中可去除大部份的水分，使保存時間較長且不易破碎，適合拿來送禮。

達可瓦茲
(Dacquoise)

外表酥脆內裡鬆軟的達可瓦茲是法國著名甜點。
香甜柔軟的口感滋味，是絕佳的下午茶點心。

材料 (12份)

低筋麵粉	11 g
杏仁粉	39 g
砂糖	25 g
糖粉	32 g
蛋白	65 g

配料

糖粉	適量

咖啡奶油

即溶咖啡	15 g
牛奶	50 g
蛋黃	1顆
奶油	100 g
砂糖	25 g
糖粉	10 g

事前準備
1 奶油使用前先在室溫下退冰
　1小時。
2 低筋麵粉、杏仁粉預先過篩。
3 準備擠花袋。
4 烤箱以180℃預熱。

1 打發蛋白

使用電動打蛋機以最高速攪拌3分鐘左右將蛋白打發。

2 製作蛋白霜

蛋白打發後將砂糖分三次加入，使用電動打蛋機以中速攪拌。使蛋白堅挺，且舀起來時尾端稍微下彎即可。

3 混合粉類食材

將過篩的粉類食材再次過篩後加入②。

4 製作麵糊

趁蛋白霜塌陷之前，盡快以塑膠刮刀的刀刃攪拌麵糊。以刮刀舀起麵糊，麵糊輕柔且落下時仍維持原本的形狀即可。

5 做出造型

將麵糊填入擠花袋內，以一定的間距擠在鋪好烘焙紙的烤盤上。

6 將麵糊放進烤箱烘烤

將裝飾用的糖粉透過篩子灑在麵糊上，放入烤箱以180℃烤10~12分鐘後充分冷卻。

7 製作咖啡奶油

將即溶咖啡以常熱的牛奶泡開，倒入些許蛋黃持續攪拌熬煮到變得稍微濃稠為止。接著以篩子過濾後，一點一點倒入預先以打蛋器輕輕打發的奶油中混合均勻。

8 擠上咖啡奶油做成夾心

將砂糖和糖粉加入⑦混合均勻做成咖啡奶油後填入擠花袋中。將咖啡奶油擠在一片達可瓦茲上，再取另一片達可瓦茲覆蓋其上，做成三明治狀。

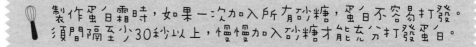

製作蛋白霜時，如果一次加入所有砂糖，蛋白不容易打發。須間隔至少30秒以上，慢慢加入砂糖才能充分打發蛋白。

義式麵包棒
(Grissini)

細長的義大利餅乾「義式麵包棒」中，有迷迭香與橄欖油帶來的淡淡香草氣息。
一口咬下「啪」一聲清脆地在口中折斷，這種香脆口感正是其魅力所在。

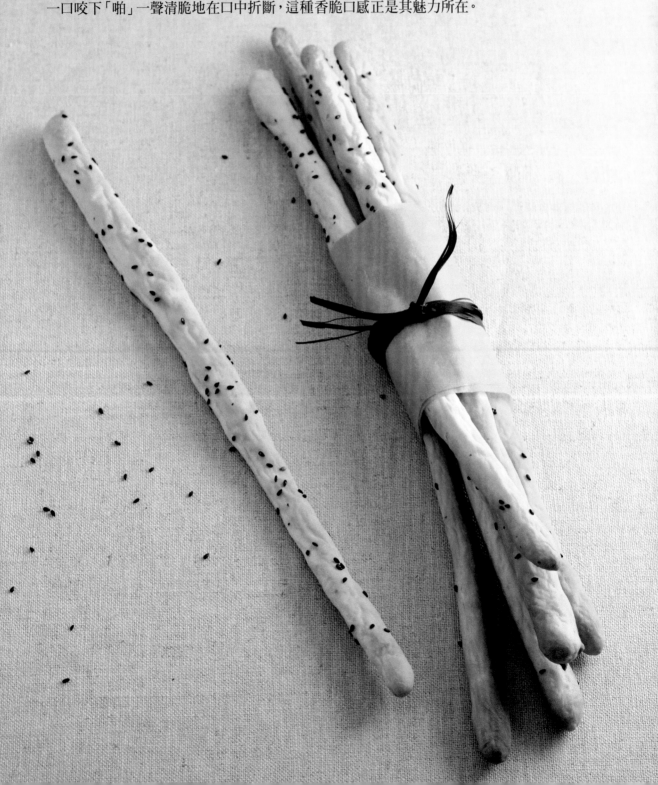

材料 (20片份)

高筋麵粉 ──────── 250 g
乾酵母 ──────── 4 g
迷迭香粉末 ──────── 1/2小匙
食鹽 ──────── 5 g
砂糖 ──────── 20 g
橄欖油 ──────── 2又1/2大匙
水 ──────── 163毫升
黑芝麻 ──────── 適量

蛋液 (glaze)

雞蛋 ──────── 1顆
牛奶 ──────── 50毫升

事前準備

1 高筋麵粉預先過篩。
2 混合雞蛋和牛奶做成蛋液。
3 烤箱以200℃預熱。

1 製作麵團
將高筋麵粉、乾酵母、迷迭香粉末、食鹽、砂糖、水均勻混合至沒有生麵粉殘留為止，加入橄欖油搓揉成表面光滑的麵團。

2 發酵及搓揉麵團
將麵團置於27℃的溫暖環境下45分鐘左右進行一次發酵。麵團發酵後以刮板分成每份20公克的小麵團，一一放在手掌上搓揉成表面光滑的小球。

3 靜置醒麵
以保鮮膜或是棉布覆蓋在麵團上，於室溫中靜置10分鐘左右醒麵。

4 延展麵團
將醒好的麵團大略搓揉成長條後靜置5分鐘，之後再以雙手搓成約30公分左右的長條。

5 塗上蛋液灑上黑芝麻
將麵團移到烤盤上，塗上蛋液後灑上黑芝麻。

6 將麵團放進烤箱烘烤
放入烤箱以200℃烤9~12分鐘至表面呈金黃色即可。

 可依個人喜好使用薰衣草、羅勒或是薄荷等其他香草取代迷迭香。

原味司康

三兩下做好後即刻馬上享用的原味司康。
分量扎實，不只可以當點心，作為輕食也可當作簡單的一餐。

材料 (7~9份)

低筋麵粉	200g
泡打粉	2小匙
食鹽	2g
砂糖	2大匙
奶油	50g
牛奶	100~120毫升

事前準備

1 低筋麵粉、泡打粉預先過篩。
2 烤箱以200℃預熱。

1 混合粉類食材

將低筋麵粉、泡打粉、食鹽、砂糖混合均勻後放入奶油,將刮板直立,像切奶油一樣將冰涼的奶油和食材攪拌均勻。

2 混合牛奶,搓揉麵團

將牛奶倒入①,使用塑膠刮刀混合均勻,麵團集中成一團後以手搓揉。

3 靜置醒麵

將麵團揉整成一團圓球後放在攪拌盆中,以保鮮膜或是棉布覆蓋在攪拌盆上,在冰箱中靜置30分鐘左右冷藏醒麵。

4 擀平麵團

將醒好的麵團放在灑了少許麵粉的工作台上,以擀麵棍擀成約2公分厚的麵團。

5 壓出造型

使用圓形的模具按壓麵團,做成圓形小麵團後移到烤盤上整齊排好。

6 將麵團放進烤箱烘烤

放入烤箱以200℃烤12~15分鐘。

 沒有司康模具或是餅乾模具的話,也可直接以雙手做出造型。

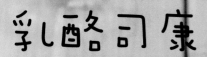

乳酪司康

下午茶時享用的司康，除了圓形外有時也會做成四方形的造型。
加入乳酪更能增添香醇風味。

材料 (6~8份)

低筋麵粉	200 g
泡打粉	1小匙
食鹽	2 g
奶油	50 g
牛奶	100~120毫升
切達乳酪	50 g

事前準備

1 低筋麵粉、泡打粉預先過篩。
2 奶油放在冰箱冷藏至稍硬
　備用。
3 切達乳酪切成1公分大小的
　小丁。
4 烤箱以200℃預熱。

1 混合粉類食材

將低筋麵粉、泡打粉、食鹽、砂糖混合均勻後放入奶油，將刮板直立，像切奶油一樣將冰涼的奶油和食材攪拌均勻。

2 混合牛奶，搓揉麵團

將牛奶倒入①，使用塑膠刮刀混合均勻，麵團集中成一團後以手搓揉。

3 混合切達乳酪

放入切好的切達乳酪，和麵團混合均勻。

4 靜置醒麵

將麵團揉整成一團圓球後放在攪拌盆中，以保鮮膜或是棉布覆蓋在攪拌盆上，在冰箱中靜置30分鐘左右冷藏醒麵。

5 擀平麵團

將醒好的麵團放在灑了少許麵粉的工作台上，以擀麵棍擀成約2公分厚的麵團。

6 做出造型

使用刮板將麵團切成四方形小塊後移到烤盤上。

7 將麵團放進烤箱烘烤

放入烤箱以200℃烤12~15分鐘。

 司康在烤箱中烘烤時，表面呈金黃色就表示烤熟了，即可從烤箱中取出。

蔓越莓全麥司康

將蔓越莓的酸甜和全麥麵團的麥香，搭配得天衣無縫的司康。
記得食材須以冷藏維持低溫，麵團則要輕輕揉捏才會好吃。

材料 (6~8份)

低筋麵粉	140 g
全麥麵粉	60 g
泡打粉	2小匙
食鹽	2 g
黃砂糖	2大匙
奶油	50 g
牛奶	120毫升
蔓越莓	50 g

事前準備

1 低筋麵粉、全麥麵粉、泡打粉
　預先過篩。
2 奶油放在冰箱冷藏至稍硬
　備用。
3 烤箱以200℃預熱。

1 混合粉類食材

將低筋麵粉、全麥麵粉、泡打粉、食鹽、黃砂糖混合均勻後放入奶油，將刮板直立，像切奶油一樣將冰涼的奶油和食材攪拌均勻。

2 混合牛奶，搓揉麵團

將牛奶倒入①，使用塑膠刮刀混合均勻。

3 混合蔓越莓

將蔓越莓放入②混合均勻，以雙手揉捏至沒有生麵粉殘留為止。

4 靜置醒麵

將麵團揉整成一團圓球後放在攪拌盆中，以保鮮膜或是棉布覆蓋在攪拌盆上，在冰箱中靜置30分鐘左右冷藏醒麵。

5 擀平麵團

將醒好的麵團放在灑了少許麵粉的工作台上，以擀麵棍擀成約2公分厚的麵團。

6 做出造型

使用刮板將麵團切成三角形小塊後移到烤盤上。。

7 將麵團放進烤箱烘烤

放入烤箱以200℃烤12~15分鐘。

 建議準備果醬和奶油搭配享用。

muffin

pound

柔軟濕潤的磅蛋糕與瑪芬。
巧克力、堅果、水果甚至蔬菜⋯⋯只要加入喜歡的食材就能做出各式風味。
麵糊製作方式簡單，不需要發酵，每個人都可以輕鬆挑戰。

基本磅蛋糕製作方法

充分打發奶油、砂糖、雞蛋是製作柔軟磅蛋糕的重點。
磅蛋糕剛出爐時就很好吃，但放置一天左右口感會更濕潤，風味也會加倍豐富。

食材（可製作1個17x7x6.5公分大小的磅蛋糕）

低筋麵粉	120g
泡打粉	1/2小匙
砂糖	100g
奶油	100g
雞蛋	2顆
香草豆莢	1/4支

事前準備

1 奶油和雞蛋使用前先在室溫下退冰1小時。
2 低筋麵粉、泡打粉預先過篩。
3 預先在磅蛋糕模具上鋪好烘焙紙。
4 烤箱以180℃預熱。

1

奶油打發成乳霜狀

將軟化的奶油放入攪拌盆中以打蛋器用力打發。如果奶油因為室溫低而不易打散，可以將攪拌盆墊在裝有溫水的大盆上，在隔水加熱的狀態下攪拌。

2

混合砂糖

奶油變得柔軟且體積膨脹後，即可加入砂糖使用打蛋器攪拌。持續攪拌至充分打入空氣為止。

3

加入打散的蛋黃

雞蛋打散後分三次加入。每次放入蛋黃時須將蛋黃與奶油充分混合，待加入的蛋黃變白後才能再次加入雞蛋。重複這個過程直至完全混合均勻為止。若一次就將雞蛋全數放入的話，將不易混合且雞蛋會和奶油分離。重點是慢慢加入雞蛋，使雞蛋和奶油混合不分離。

4

加入香草籽

將香草豆莢對半剖開後挖出香草籽加入麵糊。沒有香草豆莢也可以1/2小匙的香草精代替。

5

混合低筋麵粉‧泡打粉

放入過篩的低筋麵粉與泡打粉，使用塑膠刮刀從盆底往上以畫圈的方式攪拌。這個階段要使用塑膠刮刀的刀刃盡快攪拌才能留住空氣，空氣含量多蛋糕的口感才會柔軟。

6

麵糊倒入模具

將麵糊倒入鋪好烘焙紙的磅蛋糕模具至七分滿左右，使用塑膠刮刀抹平表面。

7

排除空氣

將磅蛋糕模具稍微舉高再放手使之自然落到桌面上，重複2~3次以排除空氣。

8

將麵糊放進烤箱烘烤

將模具中的麵糊放入以180℃預熱的烤箱中烤10分鐘左右。

9

畫上刀痕

磅蛋糕表面呈金黃色時從烤箱中取出，在正中央畫上約5公釐深的刀痕。

10

將麵糊放進烤箱再次烘烤

將畫好刀痕的麵糊再次放入烤箱中烤35分鐘。

Tip

磅蛋糕最好在溫和的溫度中長時間烘烤。過程中經常打開烤箱的話，麵糊可能會塌陷，要特別注意。隨時留意烤箱內部，如果麵糊顏色太深的話，在模具上覆蓋另一個磅蛋糕模具後再烘烤。

磅蛋糕烤好後先充分冷卻，使用保鮮膜包覆後保存。水分會滲透進磅蛋糕內部，使口感變得更加濕潤。

基本瑪芬製作方法

搭配各種飲料都很適合的瑪芬，不管當點心或是拿來充飢都好。
麵糊製作方式簡單，不需要發酵，任何人都可以輕鬆挑戰。

食材 (可製作4~5個瑪芬)

低筋麵粉	105 g
泡打粉	1小匙
砂糖	55 g
芥花油	45 g
雞蛋	1顆
牛奶	50毫升
香草豆莢	1/4支

事前準備

1 低筋麵粉、泡打粉預先過篩。
2 烤箱以190℃預熱。

香草豆莢是香草果實發酵後製成的天然產品，是用來增添糕點香甜氣味的最佳選擇。若沒有香草豆莢，可以使用香草精或是香草油等香草豆莢加工品代替。

1

混合粉類食材·砂糖
將過篩的粉類食材和砂糖混合均勻。

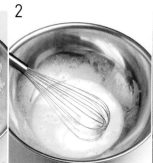

2

混合雞蛋·牛奶
雞蛋以打蛋器打散後倒入牛奶混合均勻。

3

混合香草籽·芥花油
從香草豆莢中挖出香草籽加入②混合均勻後加入芥花油拌勻。

● 在磅蛋糕模具上鋪烘焙紙的方法 ●

將烘焙紙裁剪成足以覆蓋磅蛋糕模具底部及兩側的大小。

將烘焙紙放入磅蛋糕模具中,沿著模具的四個角落摺好。

烘焙紙重疊的部分整理後摺好。

剪去超出模具的部分。

● 材質和造型各異其趣的瑪芬模具 ●

瑪芬模具依大小、造型等有許多不同的種類。有鐵製不沾塗層模具、矽膠模具、紙製模具、烘焙紙製模具等。有一模可以做6~24個不等的模具,也有單獨的模具。此外也有星星、愛心等造型有趣的模具。鐵製模具或是矽膠模具需要另外鋪上烘焙紙杯才能填充麵糊,烘焙紙杯也有各種不同造型與色彩,可按照個人喜好選擇。

4

製作麵糊
將①的粉類食材加入③後打發。

5

麵糊倒入模具
將麵糊倒入瑪芬模具至八分滿左右。

6

將麵糊放進烤箱烘烤
將麵糊放入烤箱以180℃烤25分鐘左右。

Tip

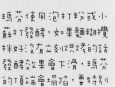

瑪芬使用泡打粉或小蘇打發酵,如果麵糊攪拌好沒有立刻烘烤的話發酵效果會下滑,瑪芬的頂端會塌陷,要特別留意。

巧克力磅蛋糕

想做出不同於一般巧克力蛋糕的特別風味時，可以嘗試看看。
巧克力碎片的香脆口感更是大大提升美味程度。

食材 (可製作1個17x7公分大
小的磅蛋糕)

低筋麵粉	100 g
可可粉	20 g
泡打粉	1小匙
黃砂糖	100 g
奶油	100 g
雞蛋	2顆
碎核桃	50 g
葡萄乾	50 g
巧克力碎片	25 g

事前準備

1 奶油和雞蛋使用前先在室溫下
退冰1小時。

2 低筋麵粉、可可粉、泡打粉預
先過篩。

3 預先在磅蛋糕模具上鋪好烘
焙紙。

4 烤箱以180℃預熱。。

1 混合奶油・黃砂糖

將奶油以電動打蛋機打發成
乳霜狀，接著放入黃砂糖混
合均勻。

2 混合蛋黃

雞蛋分兩次加入①，以打蛋
器攪拌。

3 混合粉類食材

將過篩的粉類食材加入②，
使用塑膠刮刀均勻攪拌至沒
有生麵粉殘留為止。

**4 混合葡萄乾・核桃・巧克
力碎片**

麵糊攪拌至光滑後加入葡萄
乾、核桃、巧克力碎片混合
均勻。

5 麵糊倒入模具

將麵糊倒入鋪好烘焙紙的磅
蛋糕模具至七分滿左右，使
用塑膠刮刀抹平表面。將磅
蛋糕模具稍微舉高再放手自
然落到桌面上，重複兩次左
右以排除空氣。

6 將麵糊放進烤箱烘烤

將麵糊放入烤箱以180℃烤
35分鐘左右。

 添加可可粉的麵團如果過度攪拌將不容易膨脹，因此
僅需攪拌至沒有生麵粉殘留即可。

香橙磅蛋糕

添加新鮮柳橙，酸甜可口的絕品美味。
剛出爐的蛋糕抹上香橙糖漿，口感濕潤又香甜。

食材 (可製作1個17x7公分大小的磅蛋糕)

低筋麵粉	160 g
泡打粉	3 g
食鹽	2 g
砂糖	210 g
融化的奶油	60 g
雞蛋	3顆
鮮奶油	90 g
香草精	1/2小匙
柳橙汁	1大匙
柳橙	1顆

香橙糖漿

砂糖	100 g
柳橙汁	3大匙
水	50毫升

事前準備

1 低筋麵粉、泡打粉預先過篩。
2 以刨絲器刨下柳橙皮黃色的部分，剩下的柳橙切薄片備用。
3 預先在磅蛋糕模具上鋪好烘焙紙。
4 烤箱以180℃預熱。

1 混合雞蛋・砂糖
雞蛋以打蛋器打散後放入砂糖混合均勻。

2 混合粉類食材
將過篩的粉類食材和食鹽加入①，使用電動打蛋機以最高速攪拌5分鐘左右。

3 放入柳橙皮
將刨下的柳橙皮、柳橙汁和香草精放入②，使用電動打蛋機攪拌均勻。

4 混合鮮奶油
將鮮奶油慢慢倒入③以電動打蛋機攪拌均勻。

5 混合融化的奶油
將融化的奶油慢慢倒入④繼續攪拌。

6 將柳橙鋪在模具中
將柳橙薄片整齊排在鋪好烘焙紙的磅蛋糕模具底部。

7 倒入麵糊烘烤
將麵糊倒入⑥，放入烤箱以180℃烤35分鐘左右。

8 製作香橙糖漿
將製作香橙糖漿的食材全部放入小鍋中煮沸。糖漿沸騰後轉小火熬煮10分鐘左右。

9 塗抹糖漿
趁香橙磅蛋糕冷卻前，使用毛刷均勻刷上香橙糖漿。

 柳橙不一定要作為襯底，也可以切丁後混在麵糊中。

西梅全麥磅蛋糕

滿載香甜彈牙的加州梅，愈咀愈能感受到豐富的滋味。
在室溫下放置一天後，甜味會滲入蛋糕中，風味更佳。

食材（可製作4個9×9公分大小的磅蛋糕）

低筋麵粉	90g
全麥麵粉	30g
泡打粉	1小匙
黃砂糖	100g
奶油	100g
雞蛋	2顆
香草豆莢	1/4支
西梅	150g
碎核桃	50g

事前準備

1 奶油和雞蛋使用前先在室溫下退冰1小時。
2 低筋麵粉、全麥麵粉、泡打粉預先過篩。
3 烤箱以180℃預熱。

1 混合奶油・黃砂糖

將奶油以打蛋器打發成乳霜狀後放入黃砂糖混合均勻。

2 混合蛋黃

雞蛋分兩次加入①，以打蛋器攪拌後放入從香草豆莢上取下的香草籽混合均勻。

3 混合粉類食材・核桃

將過篩的粉類食材和核桃加入②，使用塑膠刮刀均勻攪拌至沒有生麵粉殘留為止。

4 將麵糊倒入模具中

將麵糊倒入模具至七分滿左右，放上西梅裝飾。

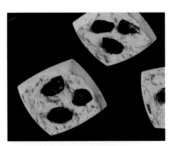

5 將麵糊放進烤箱烘烤

將麵糊放入烤箱以170℃烤20分鐘左右。

 西梅也可以切丁後混在麵糊中一起烘烤。

綠茶磅蛋糕

綠茶的淡雅風味不止好吃，清淺的綠色看起來也賞心悅目。
因綠茶粉容易結塊，製作麵糊時須充分攪拌。

食材 (可製作2個迷你磅蛋糕)

低筋麵粉	120g
泡打粉	1小匙
綠茶粉	2小匙
砂糖	100g
奶油	100g
雞蛋	2顆
紅豆餡	200g

事前準備

1 奶油和雞蛋使用前先在室溫下退冰1小時。

2 低筋麵粉、泡打粉、綠茶粉預先過篩。

3 預先在磅蛋糕模具上鋪好烘焙紙。

4 烤箱以170℃預熱。

1 混合奶油・砂糖

將奶油以打蛋器打發成乳霜狀後，放入砂糖充分混合至奶油變成白色。

2 混合雞蛋

雞蛋分兩次加入①，以打蛋器繼續攪拌。

3 混合粉類食材

將過篩的粉類食材加入②，使用塑膠刮刀均勻攪拌至沒有生麵粉殘留為止。

4 將麵糊倒入模具中

將麵糊裝在擠花袋中擠入模具至三點五分滿左右後均勻鋪上紅豆餡，在紅豆餡上擠上麵糊至五分滿左右後再次鋪上紅豆餡。

5 將麵糊放進烤箱烘烤

在紅豆餡上再擠上麵糊至七分滿左右，將麵糊放入烤箱以170℃烤30~35分鐘左右。

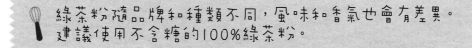

綠茶粉隨品牌和種類不同，風味和香氣也會有差異。建議使用不含糖的100%綠茶粉。

胡蘿蔔磅蛋糕

添加富含維他命A的胡蘿蔔，因此被稱為營養蛋糕。
胡蘿蔔絲直接以刀切絲，風味和香氣會比使用刨絲器更佳。

食材（可製作1個18x15公分的磅蛋糕）

低筋麵粉	140 g
泡打粉	1小匙
肉桂粉	1小匙
黃砂糖	100 g
芥花油	80 g
雞蛋	2顆
胡蘿蔔	1根
碎核桃	70 g
葡萄乾	50 g

配料 (topping)

奶油乳酪	100 g
黃砂糖	3大匙
碎核桃	適量

事前準備

1 奶油乳酪使用前先在室溫下退冰半小時。
2 低筋麵粉、泡打粉、肉桂粉預先過篩。
3 胡蘿蔔切細，碎核桃以180℃烤5分鐘左右。
4 預先在磅蛋糕模具上鋪好烘焙紙。
5 烤箱以180℃預熱。

1 混合雞蛋・黃砂糖

將雞蛋以打蛋器打散，放入黃砂糖後輕輕打發。

2 混合芥花油

將芥花油慢慢加入打發的雞蛋中，以打蛋器攪拌均勻。

3 混合粉類食材

將過篩的粉類食材加入②，使用打蛋器快速混合避免麵糊結塊，攪拌至麵糊產生光澤為止。

4 混合胡蘿蔔・葡萄乾・核桃

將切細的胡蘿蔔、葡萄乾和烤過的核桃放入麵糊中混合均勻。

5 將麵糊倒入模具中

將麵糊倒入鋪好烘焙紙的模具中至七分滿左右。

6 將麵糊放進烤箱烘烤

將麵糊放入烤箱以180℃烤25~30分鐘左右。

7 製作奶油

奶油乳酪以電動打蛋機攪打至軟化後，加入黃砂糖均勻攪拌至沒有顆粒殘留為止。

8 裝飾蛋糕

烤好的胡蘿蔔蛋糕充分冷卻後在表面抹上奶油，灑上碎核桃裝飾。

 胡蘿蔔盡可能切細才能充分和麵糊混合。

瑪德蓮

外表像貝殼，模樣可愛的瑪德蓮只要有模具就能輕鬆製作。
風味柔和，不論搭配咖啡或紅茶都很適合。

食材 (可製作12個瑪德蓮)

低筋麵粉	90 g
泡打粉	3 g
食鹽	2 g
砂糖	90 g
奶油	90 g
雞蛋	2顆
檸檬皮	1/3顆

事前準備

1 低筋麵粉、泡打粉預先過篩。
　以刨絲器刨下檸檬皮黃色部分
　備用。
2 奶油以小火加熱融化成金黃色
　液體後過濾備用。
3 在瑪德蓮模具中塗上奶油，刷
　上少許麵粉。
4 烤箱以180℃預熱。

1 混合雞蛋・砂糖
將雞蛋以打蛋器打散後放入
砂糖混合均勻。

2 放入檸檬皮
以刨絲器刨下的檸檬皮放入
①混合均勻。

3 混合粉類食材
將過篩的粉類食材和食鹽加
入②，使用打蛋器混合均勻。

4 混合熔化的奶油
將熔化的奶油慢慢倒入麵
糊中均勻攪拌至麵糊呈光滑
狀。

5 將麵糊裝入瑪德蓮模具中
將麵糊填入擠花袋中，擠入
準備好的瑪德蓮模具至七分
滿左右。

6 將麵糊放進烤箱烘烤
將麵糊放入烤箱以180℃烤
15~20分鐘左右。

奶油須仔細塗抹在瑪德蓮模具的每一處，之後才能輕
鬆取出蛋糕。

巧克力瑪芬

適合取代早餐，或在下午茶時光享用的瑪芬。
同時添加巧克力和可可粉，風味濃郁。

食材 (可製作4~5個瑪芬)

低筋麵粉	90g
可可粉	10g
泡打粉	1小匙
肉桂粉	1/2小匙
黑砂糖	70g
奶油	60g
雞蛋	1顆
牛奶	3大匙
巧克力	50g

配料 (topping)

巧克力碎片	適量

事前準備

1 奶油預先融化備用。
2 巧克力約略切碎，不需切太細。
3 低筋麵粉、可可粉、泡打粉、肉桂粉預先過篩。
4 烤箱以180°C預熱。

1　混合雞蛋・黑砂糖

將雞蛋以打蛋器打散後，放入黑砂糖輕輕打發。

2　混合牛奶

將牛奶倒入打發的雞蛋中，以打蛋器混合均勻。

3　混合熔化的奶油

雞蛋和牛奶充分混合後慢慢倒入融化的奶油，以打蛋器混合均勻。

4　混合粉類食材

將過篩的粉類食材加入③，使用打蛋器快速混合避免麵糊結塊，攪拌至麵糊產生光澤為止。

5　混合切碎的巧克力

將切碎的巧克力加入④，以塑膠刮刀混合均勻。

6　將麵糊倒入模具中

將麵糊倒入瑪芬模具至八分滿左右，灑上巧克力碎片。

7　將麵糊放進烤箱烘烤

將麵糊放入烤箱以180℃烤25分鐘左右。

 將切碎的巧克力混入麵糊時，也可以加入堅果增添風味。

藍莓瑪芬

添加牛奶滋味柔和，藍莓口感酸甜。
倒麵糊時，一點一點慢慢倒入模具就會產生自然且鮮明的花紋。

食材 (可製作4~5個瑪芬)

低筋麵粉	105g
泡打粉	1小匙
砂糖	55g
芥花油	45g
雞蛋	1顆
牛奶	50毫升
香草豆莢	1/4支
藍莓	90g

事前準備

1 低筋麵粉、泡打粉預先過篩。
2 烤箱以180°C預熱。

1 混合粉類食材・砂糖

將過篩的粉類食材和砂糖混合均勻。

2 混合雞蛋・牛奶

將雞蛋以打蛋器打散後，倒入牛奶混合均勻。

3 混合香草豆莢・芥花油

從香草豆莢中挖出香草籽加入②混合均勻後加入芥花油拌勻。

4 製作麵糊

將①的粉類食材加入③，使用打蛋器混合均勻。

5 混合藍莓

在稍微還有點生麵粉殘留時加入藍莓混合均勻。

6 將麵糊倒入模具中

將麵糊倒入瑪芬模具至八分滿左右。

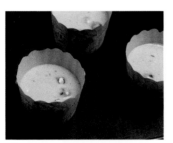

7 將麵糊放進烤箱烘烤

將麵糊放入烤箱以180℃烤25分鐘左右。

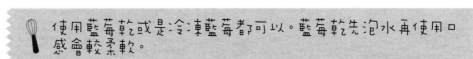

使用藍莓乾或是冷凍藍莓都可以。藍莓乾先泡水再使用口感會較柔軟。

香蕉瑪芬

香氣甜美且充滿濕潤口感的瑪芬。
使用熟透且表皮變得斑駁的香蕉,才能做出濃郁風味。

食材 (可製作6個瑪芬)

低筋麵粉————————120 g
泡打粉———————— 1小匙
肉桂粉————————1/2小匙
黃砂糖————————80 g
奶油————————————80 g
雞蛋————————————2顆
香草精————————1/2小匙
香蕉————————1又1/2支
核桃————————————30 g
杏仁片——————————20 g

事前準備

1 奶油和雞蛋使用前先在室
  溫下退冰1小時。
2 低筋麵粉、泡打粉、肉桂粉
  預先過篩。
3 香蕉1支壓成泥,1/2支切成
  厚片。
4 核桃以180℃烤5分鐘左右。
5 烤箱以180℃預熱。

1 混合奶油・黃砂糖
將奶油以打蛋器打發成乳霜狀後，放入黃砂糖充分混合。

2 混合雞蛋・香蕉泥
雞蛋分兩次加入①以打蛋器攪拌後，加入香蕉泥和香草精混合均勻。

3 混合粉類食材
將過篩的粉類食材加入②後輕輕攪拌。

4 混合核桃・杏仁
將烤好的核桃及杏仁片放入麵糊，使用塑膠刮刀輕輕攪拌至沒有生麵粉殘留為止。

5 將麵糊倒入模具中
將麵糊倒入瑪芬模具至七點五分滿左右。

6 放上香蕉
將香蕉放在倒入模具中的麵糊上裝飾。

7 將麵糊放進烤箱烘烤
將麵糊放入烤箱以180℃烤20~25分鐘左右。

 將點綴用的香蕉切成厚片，為香蕉瑪芬畫龍點睛。

檸檬罌粟籽瑪芬
（Lemon Poppy Seed Muffin）

添加搗碎的檸檬皮絲，香氣迷人的瑪芬。
香脆的罌粟籽鑲嵌在蛋糕內，不論風味和外觀都很特別。

食材 (可製作4~5個瑪芬)

低筋麵粉	100 g
泡打粉	1小匙
砂糖	70 g
奶油	60 g
雞蛋	1顆
鮮奶油	1大匙
檸檬汁	1/2大匙
檸檬皮	1/2顆
罌粟籽	1大匙

糖霜 (icing)

蛋白	1顆
糖粉	140~150 g
檸檬汁	1小匙

事前準備

1 奶油預先融化備用。
2 以刨絲器刨下檸檬皮黃色部分備用。
3 低筋麵粉、泡打粉預先過篩。
4 烤箱以180℃預熱。

1 混合雞蛋·砂糖
將雞蛋以打蛋器打散後放入砂糖輕輕打發。

2 混合融化的奶油
將融化的奶油慢慢倒入①中混合均勻。

3 混合鮮奶油
奶油稍微打發後加入鮮奶油攪拌。

4 混合檸檬汁
鮮奶油混合均勻後倒入檸檬汁攪拌。

5 混合檸檬皮
將檸檬皮加入④混合均勻。

6 混合粉類食材·罌粟籽
將過篩的粉類食材和罌粟籽加入⑤，攪拌至沒有生麵粉殘留為止。

7 將麵糊倒入模具中
將麵糊倒入瑪芬模具至八分滿左右。。

8 將麵糊放進烤箱烘烤
將麵糊放入烤箱以180℃烤25分鐘左右。

9 淋上糖霜
蛋白與糖粉以打蛋器混合均勻後加入檸檬汁，淋在烤好的瑪芬上裝飾。

 罌粟籽是罌粟花的種子，口感香脆，常運用在烘焙中。沒有罌粟籽的話，省略不放也沒關係。

cake

tart

你問我做蛋糕難不難？只要學會基本做法，就能盡情做出無數美味的華麗蛋糕。從口感濕潤的戚風蛋糕、在口中輕柔融化的鮮奶油蛋糕，乃至帶有濃郁咖啡香的迷人提拉米蘇都不成問題。

海綿蛋糕製作方法

海綿蛋糕是蛋糕的基礎,可以作為鮮奶油蛋糕等各種蛋糕的基體。
是形成蛋糕不可或缺的角色。試著變換裝飾的模樣,做出獨一無二的蛋糕吧!

食材 (可製作1個直徑18公分的蛋糕)

低筋麵粉	90g
砂糖	100g
奶油	20g
食用油	1又1/3大匙
雞蛋	3顆
蛋黃	1顆
香草油	1/2小匙

事前準備

1 低筋麵粉預先過篩。
2 食用油和奶油混合後隔水加熱融化。
3 預先在蛋糕模具上鋪好烘焙紙。
4 烤箱以180℃預熱。

1

混合雞蛋・砂糖

雞蛋和蛋黃以木勺打散後,放入砂糖和香草油輕輕攪拌。

2

隔水加熱

將①隔著50℃左右的溫水以木勺攪拌。攪拌到砂糖完全溶化,溫度稍微上升即可。

3

打發雞蛋

加熱後的雞蛋使用手持電動打蛋機,以最高速攪拌3~4分鐘。雞蛋變濃稠後將電動打蛋機轉為中速繼續攪拌3~4分鐘。

4 確認打發狀態

打發的雞蛋可維持電動打蛋機經過的痕跡時，將電動打蛋機轉為最低速，繼續攪拌2分鐘左右。以木勺舀起雞蛋時可維持緞帶狀即可。

5 混合低筋麵粉

將過篩的低筋麵粉再次過篩後加入④，木勺伸到碗底盡速翻攪至沒有生麵粉殘留為止。

6 混合奶油·食用油

將融化的奶油和食用油加入⑤後混合均勻。

7 麵糊倒入模具

將麵糊倒入鋪好烘焙紙的圓形蛋糕模具中，將模具稍微舉起再放手使之自然落到桌面上，以排除空氣。

8 將麵糊放進烤箱烘烤

將麵糊放入烤箱以170℃烤35~40分鐘左右。在正中央插入筷子，取出時沒有麵糊沾黏在筷子上就表示烤好了。

● **巧克力海綿蛋糕** ●

若要製作巧克力海綿蛋糕，只要在海綿蛋糕的食譜中添加可可粉並省略香草油即可。做法和海綿蛋糕相同。

食材（可製作1個直徑18公分的蛋糕）

低筋麵粉80 g，可可粉10 g，砂糖100 g，奶油20 g，食用油1大匙，雞蛋3顆，蛋黃1顆。

鮮奶油蛋糕

鮮奶油蛋糕結合了在口中輕柔融化的鮮奶油，以及口感濕潤的海綿蛋糕。有別於華麗的外表，做法其實並不困難。

食材 (可製作1個直徑18公分的蛋糕)

海綿蛋糕 (參照86頁) ── 1個
罐頭綜合水果 ──────── 200g

糖漿 (syrup)

砂糖 ───────────── 4大匙
水 ────────────── 2大匙
香草精 ───────────── 1滴

打發鮮奶油 (whipping cream)

鮮奶油 ───────────── 450g
砂糖 ───────────── 30g
香草精 ───────────── 3滴

事前準備

1 罐頭綜合水果放在篩子上瀝乾水分備用。
2 將製作糖漿的食材放入小鍋中，以小火加熱到砂糖溶化為止。
3 將圓形擠花嘴安裝在擠花袋上。

1 製作打發鮮奶油

將砂糖和香草精放入鮮奶油中，以手持電動打蛋機充分攪拌至鮮奶油變得堅挺扎實為止。

2 蛋糕切片

將海綿蛋糕從側面切成三等分薄片。

3 在蛋糕底層上塗抹打發的鮮奶油

使用毛刷在蛋糕底層上均勻塗抹糖漿後，以抹刀塗抹上①打發的鮮奶油，再放上適量綜合水果。

4 疊上蛋糕體，塗抹打發鮮奶油

疊上另一片蛋糕體，塗抹上糖漿和鮮奶油後放上綜合水果。之後再放上最後一片蛋糕體並抹上糖漿。

5 修整鮮奶油

抹刀以45度角斜放，將蛋糕側面溢出的鮮奶油塗抹均勻。

6 在蛋糕表面上塗抹鮮奶油

將大量鮮奶油放上蛋糕表面，以抹刀均勻抹平。此時，抹刀和蛋糕表面須維持45度角，手腕要放鬆。

7 在蛋糕側面塗抹鮮奶油

以抹刀舀起鮮奶油塗抹在蛋糕側面並抹平。

8 整理蛋糕外觀

以抹刀將超出邊緣的鮮奶油刮除乾淨。

9 裝飾蛋糕

將打發鮮奶油裝入擠花袋，在蛋糕表面沿著邊緣擠上一朵朵圓形的鮮奶油。使用抹刀輕壓鮮奶油表面做出造型。

 也可以在鮮奶油上放上新鮮水果、堅果或巧克力。選擇個人喜歡的食材裝飾。

卡斯提拉
（Castella）

柔軟綿細、口感濕潤的卡斯提拉是人人都喜歡的蛋糕。
要做出典雅的風味並不簡單，仔細照著食譜做做看吧！

食材（可製作1個直徑18公分
的蛋糕）

低筋麵粉	80g
砂糖	120g
蜂蜜	15g
水飴(玉米糖漿)	15g
雞蛋	3顆
蛋黃	2顆
食用油	35毫升

事前準備

1 低筋麵粉預先過篩。
2 預先在圓形蛋糕模具上鋪
　好烘焙紙。
3 烤箱以170℃預熱。

1 混合雞蛋・砂糖

雞蛋和蛋黃以木勺打散後放入砂糖、蜂蜜和水飴攪拌。

2 隔水加熱

將①隔著50℃左右的溫水以木勺攪拌。攪拌到砂糖顆粒完全溶化，溫度稍微上升即可。

3 打發雞蛋

加熱後的雞蛋使用手持電動打蛋機以最高速攪拌3~4分鐘。雞蛋變濃稠後將電動打蛋機轉為中速繼續攪拌3~4分鐘。

4 確認打發狀態

打發的雞蛋可維持電動打蛋機經過的痕跡時，將電動打蛋機轉為最低速，繼續攪拌2分鐘左右。以木勺舀起雞蛋時可維持緞帶狀即可。

5 混合低筋麵粉

將過篩的低筋麵粉再次過篩後加入④，木勺伸到碗底盡速翻攪至沒有生麵粉殘留為止。

6 混合食用油

將食用油加入⑤後混合均勻。

7 麵糊倒入模具

將麵糊倒入鋪好烘焙紙的圓形蛋糕模具中，將模具稍微舉起再放手使之自然落到桌面上，以排除空氣。

8 將麵糊放進烤箱烘烤

將麵糊放入烤箱以170℃烤35~40分鐘左右。在正中央插入筷子，取出時沒有麵糊沾黏在筷子上就表示烤好了。

9 冷卻後切塊

卡斯提拉充分冷卻後切成適當大小。

 趁著卡斯提拉還溫熱的時候，使用保鮮膜包覆可維持濕潤口感。

草莓蛋糕卷

內餡放了滿滿的草莓，口感酸甜柔和，是蛋糕卷中的極品。
也可以使用其他水果取代草莓。

食材（可製作1個36x30公分
的蛋糕）

蛋糕體
低筋麵粉—————————80 g
砂糖———————————80 g
水飴———————————10 g
奶油———————————15 g
雞蛋————————————3顆

糖漿（syrup）
砂糖———————————4大匙
水————————————3大匙

內餡
草莓———————————10顆
鮮奶油—————————250 g
砂糖———————————25 g

事前準備
1 低筋麵粉預先過篩。
2 草莓洗淨後切成適當大小。
3 將製作糖漿的食材放入小
　鍋中，以小火加熱到砂糖溶
　化為止。
4 預先在四方形蛋糕模具上
　鋪好烘焙紙。
5 烤箱以190℃預熱。

1 製作麵糊

參考86頁海綿蛋糕的步驟1~6，混合食材製作蛋糕麵糊。

2 麵糊倒入模具

將麵糊倒入鋪好烘焙紙的四方形蛋糕模具中，利用刮板將麵糊抹平。

3 將麵糊放進烤箱烘烤後冷卻

將麵糊放入烤箱以190℃烤8~10分鐘後放在冷卻網上冷卻。

4 製作打發鮮奶油

將砂糖放入鮮奶油中，以手持電動打蛋機攪拌至鮮奶油變得堅挺為止。舀起鮮奶油時尾端會稍微往下彎即可。

5 在蛋糕上塗抹糖漿

在工作台上鋪好烘焙紙，將蛋糕顏色較深的一面朝上放好，使用毛刷在蛋糕上均勻塗抹糖漿。

6 塗抹鮮奶油

使用抹刀將④打發的鮮奶油均勻塗抹在⑤的蛋糕上。蛋糕的內側抹上滿滿的鮮奶油，愈靠近外側鮮奶油抹得愈少。

7 灑上草莓

將切好的草莓均勻灑在鮮奶油上。

8 捲起蛋糕卷

將擀麵棍墊在鋪在工作台上的烘焙紙下，像卷壽司一樣輕輕地從內側往外捲。

 也可以把打發鮮奶油或草莓點綴在捲好的蛋糕卷上喔。

綠茶戚蛋蛋糕

使用蛋白霜取代奶油，口感清爽柔和。
甜蜜的鮮奶油和綠茶純淨的風味譜出了美妙的滋味。

食材（可製作1個直徑15公分的蛋糕）

低筋麵粉	90 g
泡打粉	2 g
綠茶粉	4 g
砂糖	40 g
蛋黃	4顆
牛奶	80毫升
食用油	40 g

蛋白霜 (meringue)

蛋白	4顆
砂糖	40 g

糖漿 (syrup)

砂糖	4大匙
水	2大匙
香草精	1滴

打發鮮奶油 (whipping cream)

鮮奶油	250 g
砂糖	25 g

配料 (topping)

綠茶粉	適量

事前準備

1 低筋麵粉、泡打粉、綠茶粉預先過篩。
2 將製作糖漿的食材放入小鍋中，以小火加熱到砂糖溶化為止。
3 使用噴霧器在戚風蛋糕模具內噴水後倒扣。
4 烤箱以160℃預熱。

1 打發蛋白

使用手持電動打蛋機以最高速攪拌3分鐘左右打發蛋白。

2 製作蛋白霜

蛋白充分打發後將40g的砂糖分三次加入,使用手持電動打蛋機以中速攪拌。蛋白變得堅挺,舀起時尾端會稍微往下彎即可。

3 混合蛋黃・砂糖・牛奶

使用打蛋器混合蛋黃和40g的砂糖,砂糖完全溶化後慢慢加入牛奶攪拌。

4 混合食用油

將1/3準備好的蛋白霜加入③混合後,慢慢倒入食用油以打蛋器攪拌。

5 混合粉類食材

將過篩的粉類食材加入④,以塑膠刮刀均勻攪拌至沒有生麵粉殘留為止。

6 混合蛋白霜

將剩下的蛋白霜分兩次加入⑤,使用刮刀從攪拌盆內側由下往上小心地翻攪。當麵糊往下滑落時,會短暫維持形狀再慢慢消失即可。

7 麵糊倒入模具

將麵糊倒入戚風蛋糕模具中至八分滿左右,將模具稍微舉起再放手使之自然落到桌面上,重複兩次以排除空氣。 放入烤箱以160℃烤約40分鐘後,倒扣在冷卻網上冷卻。

8 製作打發鮮奶油

將砂糖放入鮮奶油中,以手持電動打蛋機攪拌至鮮奶油變得堅挺為止。舀起鮮奶油時尾端會稍微往下彎即可。

9 裝飾蛋糕

將戚風蛋糕從模具內取出,將糖漿塗抹在表面後,抹上⑧的打發鮮奶油,灑上綠茶粉。

 在低溫中長時間烘烤,才能做出戚風蛋糕柔軟的質感。而蛋糕從烤箱出爐後,要馬上倒扣才不會塌陷。

法式古典巧克力蛋糕
（Gâteau au chocolat）

想要享受巧克力深厚濃郁滋味時的最佳選擇。
隨性切得大塊一些，會使蛋糕顯得更加可口。

食材 (可製作1個直徑18公分的蛋糕)

低筋麵粉	20 g
可可粉	45 g
砂糖	50 g
奶油	60 g
蛋黃	3顆
牛奶	20毫升
鮮奶油	50毫升
巧克力	70 g

蛋白霜 (meringues)

蛋白	3顆
砂糖	75 g

事前準備

1 低筋麵粉、可可粉預先過篩。
2 預先在圓形蛋糕模具上鋪好烘焙紙。
3 烤箱以170℃預熱。

1 打發蛋白

使用手持電動打蛋機以最高速攪拌3分鐘左右打發蛋白。

2 製作蛋白霜

蛋白充分打發後將75g的砂糖分三次加入，使用手持電動打蛋機以中速攪拌。蛋白變得堅挺，舀起時尾端會稍微往下彎即可。

3 巧克力・奶油隔水加熱

將巧克力和奶油隔著50℃左右的溫水加熱到完全融化為止。

4 混合蛋黃・砂糖

使用打蛋器充分攪拌蛋黃和50g的砂糖，直到砂糖完全溶化。

5 混合牛奶・鮮奶油

將牛奶慢慢倒入④攪拌後，慢慢倒入鮮奶油混合均勻。

6 混合融化的巧克力

將融化的奶油和巧克力慢慢倒入⑤，接著以打蛋器混合均勻。

7 混合粉類食材

將1/3分量的蛋白霜倒入⑥輕輕攪拌。加入過篩的粉類食材，以塑膠刮刀攪拌至沒有生麵粉殘留為止。

8 混合蛋白霜

將剩下的蛋白霜分兩次加入，使用刮刀從攪拌盆內側由下往上小心地翻攪。當麵糊往下滑落時會短暫維持形狀再慢慢消失即可。

9 麵糊倒入模具放進烤箱烘烤

將麵糊倒入模具中，麵糊表面刮平後放入烤箱以170℃烤45~50分鐘左右。

🥄 巧克力隔水加熱時，若溫度超過50℃巧克力中的脂肪和固形物會分離，風味會變差且口感會變得粗糙，因此務必要留意溫度。

紐約乳酪蛋糕

乳酪蛋糕中風味最為深厚濃郁的紐約乳酪蛋糕。
除鮮奶油和檸檬外更添加香草精，香氣四溢。

食材（可製作1個直徑18公分
的蛋糕）

餅乾底
全麥餅乾	100 g
奶油	28 g
砂糖	1/2大匙

蛋糕體
奶油乳酪	284 g
低筋麵粉	15 g
砂糖	88 g
雞蛋	1顆
蛋黃	1顆
鮮奶油	30 g
香草精	1大匙
檸檬皮	1/4顆

事前準備
1 奶油和奶油乳酪使用前先
　在室溫下退冰1小時。
2 低筋麵粉預先過篩。
3 烤箱以160℃預熱。

1 壓碎餅乾

全麥餅乾掰成小塊後放入塑膠袋中壓碎，或是放入研磨缽中搗碎。

2 混合奶油做成餅乾底

將奶油和砂糖放入餅乾碎中，雙手戴上塑膠手套均勻搓揉做成餅乾底。

3 將餅乾底鋪在模具底部

將餅乾底鋪在圓形蛋糕模具底部，以雙手確實壓平。放在冰箱冷藏30分鐘左右固定形狀。

4 打散奶油乳酪

使用電動打蛋機將奶油乳酪打散後放入砂糖，以最高速攪拌。

5 混合雞蛋

將蛋黃倒入④以電動打蛋機打散後，倒入雞蛋以最高速攪拌。

6 混合檸檬皮・鮮奶油・香草精

將檸檬皮放入⑤混合後，放入鮮奶油和香草精以低速攪拌1分鐘左右。

7 混合低筋麵粉

將過篩的低筋麵粉放入⑥以塑膠刮刀攪拌均勻。

8 麵糊倒入模具

將⑦做好的麵糊倒入鋪好餅乾底的模具中並將麵糊表面刮平。將模具稍微舉起再放手使之自然落到桌面上，以排除空氣。

9 將麵糊放進烤箱烘烤

將模具放在裝了水的烤盤上，放入烤箱以160℃烤45~50分鐘左右。插入筷子確認，取出時沒有麵糊沾黏在筷子上就表示烤好了。

> 乳酪蛋糕的表面顏色要烤得深一點，看起來才會令人垂涎欲滴。顏色不夠深的話可以再多烤一下上色。

南瓜糯米蛋糕

使用糯米粉製作Q彈濕潤的年糕蛋糕。
南瓜粉將增添金黃色澤與香甜口感。

食材（可製作1個直徑18公分的蛋糕）

糯米粉	200g
南瓜粉	2大匙
泡打粉	2/3小匙
肉桂粉	1/4小匙
食鹽	1/4小匙
砂糖	20g
雞蛋	1顆
牛奶	200毫升
香草精	1小匙
紅豆餡・蜜紅豆	適量
奶油	少許

事前準備

1 雞蛋和牛奶使用前先在室溫下退冰1小時。
2 糯米粉、南瓜粉、泡打粉預先過篩。
3 在蛋糕模具內刷上薄薄一層奶油。
4 烤箱以180℃預熱。

1 混合粉類食材

將過篩的粉類食材、肉桂粉、砂糖、食鹽倒入攪拌盆中混合均勻。

2 混合雞蛋・牛奶・香草精

將雞蛋、牛奶和香草精倒入攪拌盆中以打蛋器混合均勻。

3 製作麵糊

將②慢慢倒入混合好的粉類食材，以打蛋器均勻攪拌至沒有生麵粉殘留且麵糊呈光滑狀為止。

4 麵糊倒入模具

將麵糊倒入刷上奶油的模具中至五分滿左右。

5 放入紅豆餡

將紅豆餡均勻放在麵糊上，再次倒入麵糊至九分滿左右。

6 灑上蜜紅豆，放進烤箱烘烤

將蜜紅豆均勻灑在麵糊上，放入烤箱以180℃烤30~35分鐘左右。

蜜紅豆是水煮紅豆後維持顆粒形狀，並以砂糖熬煮後的成品。剩餘的蜜紅豆須密封後放入冰箱冷凍保存。

迷你地瓜杯子蛋糕

在口中輕柔融化的甜蜜杯子蛋糕。
尺寸小巧可愛，一口就能輕鬆吃掉一個。

食材 (可製作15個杯子蛋糕)

地瓜	350 g
砂糖	20 g
蜂蜜	15 g
奶油	15 g
蛋黃	2顆
鮮奶油	50毫升
煉乳	1大匙
香草豆莢	1/4支

蛋液 (glaze)

蛋黃	1顆
牛奶	1大匙

事前準備

1. 奶油使用前先在室溫下退冰1小時。
2. 地瓜洗淨後以鋁箔紙包起來，放入烤箱以200℃烤50分鐘左右。
3. 蛋黃和牛奶混合均勻做成蛋液。
4. 將星形擠花嘴安裝在擠花袋上。
5. 烤箱以200℃預熱。

1　壓碎烤好的地瓜
烤好的地瓜趁冷卻前剝皮後壓成泥。

2　混合食材
將蜂蜜、砂糖、奶油、蛋黃、鮮奶油、煉乳，以及從香草豆莢中取出的香草籽放入壓碎的地瓜中，以塑膠刮刀攪拌均勻。

3　過篩壓成泥
將③放在粗孔的篩子上壓成泥。

4　填入擠花袋
將過篩後的地瓜泥填入裝好星形擠花嘴的擠花袋中。

5　做出造型
將地瓜泥擠一圈在小型紙製瑪芬模具中。

6　刷上蛋液放進烤箱烘烤
以毛刷將蛋液刷在地瓜泥表面，放入烤箱以200℃烤10~15分鐘左右。

 也可以使用微波爐取代烤箱將地瓜煮熟。地瓜洗淨後削皮，切成四、五塊，放入清水2大匙，包上保鮮膜以微波爐加熱5分鐘即可。

布朗尼

濃郁的巧克力風味和扎實口感是布朗尼的特徵。
可以按照個人喜好添加堅果或是果乾。

食材（可製作1個15x15公分
的布朗尼）

低筋麵粉 ———————— 60 g
可可粉 ————————— 50 g
泡打粉 ——————— 1/2小匙
食鹽 —————————— 1 g
砂糖 ————————— 150 g
奶油 ————————— 100 g
雞蛋 ————————— 2顆
黑巧克力 ——————— 50 g
巧克力碎片 ————— 50 g
碎核桃 ———————— 40 g

事前準備

1 奶油和雞蛋使用前先在室
  溫下退冰1小時。
2 低筋麵粉、可可粉、泡打粉
  預先過篩。
3 預先在四方形蛋糕模具上
  鋪好烘焙紙。
4 烤箱以180℃預熱。

1 打發奶油
將奶油以電動打蛋機打發成乳霜狀。

2 混合巧克力
巧克力以50℃左右的溫水隔水加熱融化後倒入①的奶油中，以電動打蛋機攪拌。

3 混合砂糖‧食鹽
奶油和巧克力充分混合後，加入砂糖和食鹽以電動打蛋機攪拌。

4 混合雞蛋
將蛋黃一個個慢慢放入③以電動打蛋機攪拌。

5 混合粉類食材
將過篩的粉類食材加入④，以塑膠刮刀攪拌均勻。

6 混合核桃
將一部分核桃留下作為配料，剩下的核桃放入麵糊中，以刮刀攪拌至麵糊呈現光澤且沒有生麵粉殘留為止。

7 麵糊倒入模具
將麵糊倒入鋪好烘焙紙的模具中，刮平麵糊表面。

8 灑上配料放進烤箱烘烤
將巧克力碎片和剩下的核桃均勻灑在麵糊上，放入烤箱以180℃烤20分鐘左右。

 沒有核桃的話，另外添加配料直接烘烤也可以。

提拉米蘇

香甜柔軟的義大利傳統甜點。
將奶油乳酪放在濕潤的海綿蛋糕或是卡斯提拉上製作而成。

食材（可製作4杯100毫升的提拉米蘇）

奶油乳酪	200 g
蛋黃	1顆
砂糖	30 g
鮮奶油	150毫升
香草精	1/4小匙
濃咖啡	100毫升
海綿蛋糕（參考86頁）	適量

蛋白霜 (meringues)

蛋白	1顆
砂糖	20 g

配料 (topping)

可可粉	適量

事前準備

1 濃咖啡冷藏備用。
2 鮮奶油在冰箱冷藏至使用前。
3 奶油乳酪使用前先在室溫下退冰半小時。

1 海綿蛋糕切片

海綿蛋糕切成5公釐厚、和杯子大小相符的薄片。每一個杯子需要準備兩片蛋糕體。

2 將鮮奶油打發

以手持電動打蛋機打發鮮奶油和香草精。舀起鮮奶油時會緩緩往下流即可放入冰箱冷藏備用。

3 混合奶油乳酪·蛋黃

以手持電動打蛋機將奶油乳酪打散後慢慢放入蛋黃，攪拌至奶油乳酪顏色變淺為止。

4 混合砂糖·鮮奶油

將砂糖放入③以電動打蛋機攪拌。砂糖完全溶化後將打發的鮮奶油分兩、三次倒入並混合均勻。

5 製作蛋白霜

使用手持電動打蛋機以最高速攪拌3分鐘左右打發蛋白，將砂糖分三次加入，使用手持電動打蛋機以中速攪拌。當蛋白變得堅挺，舀起時尾端會稍微往下彎即可。

6 混合蛋白霜製作奶油餡

將蛋白霜分兩次加入④，以塑膠刮刀輕輕攪拌。

7 海綿蛋糕刷上咖啡

將切好的蛋糕放入杯中，以毛刷塗上滿滿的咖啡。

8 填入奶油餡

將⑥做好的奶油餡填入杯中至五分滿，再次放入蛋糕並塗上咖啡。將奶油餡放在第二層蛋糕上，填滿杯子並以刮板抹平。

9 冷藏

提拉米蘇放入冰箱冷藏一小時以上凝固，將可可粉透過篩子灑在上面裝飾。

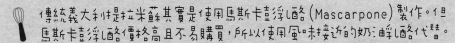

傳統義大利提拉米蘇其實是使用馬斯卡彭乳酪(Mascarpone)製作。但馬斯卡彭乳酪價格高且不易購買，所以使用風味接近的奶油乳酪代替。

麵包布丁

吐司裹滿滑潤的雞蛋和牛奶，從烤箱裡冒著蒸騰熱氣出爐的甜點。
柔軟的口感，美味無須贅言。

食材 (可製作2杯麵包布丁)

吐司 (參考136頁)——— 5片
砂糖 ————————40 g
雞蛋 ————————1顆
蛋黃 ————————2顆
牛奶 ——————200毫升
鮮奶油 ——————50 g
香草豆莢 —————1/4支
杏仁片 ——————適量

事前準備

1 烤箱以180℃預熱。

1 吐司切塊

吐司切成邊長2公分的四方形小塊。

2 牛奶‧鮮奶油加熱

牛奶和鮮奶油倒入小鍋中，加入從香草豆莢中取下的香草籽，以小火加熱至沸騰前熄火。。

3 混合雞蛋‧砂糖

雞蛋和蛋黃以打蛋器打散後放入砂糖攪拌均勻。

4 倒入加熱的牛奶

將加熱的牛奶慢慢倒入③準備好的雞蛋中，以打蛋器攪拌均勻後以篩子過濾一次。

5 麵包放入杯中

將切好的麵包塊裝滿布丁杯，倒入④將麵包充分浸溼。

6 灑上杏仁片烘烤

灑上杏仁片後放入烤箱，以180℃烤20~25分鐘左右。

 沒有吐司的話，也可以使用家裡現有的其他麵包。

蘋果派

加入肉桂粉燉煮的蘋果，香氣四溢且甜美可口。
據說一定要使用酸酸甜甜的紅玉蘋果，做出來的蘋果派才會好吃。

食材（可製作1個直徑14公分的蘋果派）

派皮
低筋麵粉	70g
泡打粉	1/8小匙
食鹽	1g
奶油	40g
牛奶	20毫升

蘋果餡
蘋果	1個
黃砂糖	30g
肉桂粉	1/2小匙
奶油	1大匙
檸檬汁	1小匙

蛋液 (glaze)
雞蛋	1/2顆
牛奶	50毫升

事前準備
1 濃咖啡冷藏備用。
2 鮮奶油在冰箱冷藏至使用前。
3 奶油乳酪使用前先在室溫下退冰半小時。

1 燉煮蘋果

蘋果、黃砂糖、檸檬汁放入小鍋，拌炒至汁液收乾。加入奶油與肉桂粉，以小火燉煮至充滿光澤。

2 混合食材

低筋麵粉、泡打粉與鹽混合均勻後放入冰涼的奶油，將刮板直立，像切奶油一樣將冰涼的奶油和食材攪拌均勻。

3 倒入牛奶製作麵團

將牛奶慢慢倒入②，以塑膠刮刀混合均勻。麵團開始凝結後以手搓揉至沒有生麵粉殘留。

4 擀平麵團

將麵團揉成圓形後以保鮮膜包起，放入冰箱靜置30分鐘左右。接著將醒好的麵團放在灑了少許麵粉的工作台上，以擀麵棍將麵團擀成約3公釐厚的派皮。

5 派皮放入模具中

將擀好的派皮放在模型上，確實將派皮貼緊模具。超出邊緣的派皮以刮板切除，使用叉子在派皮底部均勻戳洞。

6 派皮切成長條

將先前切下的多餘派皮揉成麵團，擀成約2公釐厚的派皮後切成細長條狀。

7 填入蘋果餡及裝飾

以燉煮好的蘋果填滿⑤，並將切成細長條狀的派皮交錯排列後刷上蛋液。

8 放入烤箱烘烤

放入烤箱以200℃烤約20~30分鐘至表皮呈金黃色即可。

 燉煮好的蘋果混合新鮮蘋果丁做成內餡也很好吃！

蛋塔

小巧玲瓏的蛋塔十分適合拿來送禮。
做得小巧一點，不只好吃也更好看。

食材（可製作4個直徑8公分
的蛋塔）

塔皮

低筋麵粉	160 g
食鹽	1 g
糖粉	30 g
奶油	80 g
冷水	20~30毫升

內餡

蛋黃	3顆
砂糖	60 g
牛奶	120 g
鮮奶油	75 g
香草豆莢	1/4支

事前準備

1 奶油與低筋麵粉放在冰箱
　冷藏至使用前。
2 烤箱以200℃預熱。

1 牛奶‧鮮奶油加熱

牛奶和鮮奶油倒入小鍋中，加入從香草豆莢中取下的香草籽，以小火加熱至沸騰前熄火。

2 混合蛋黃‧砂糖

蛋黃以打蛋器打散後放入砂糖攪拌均勻。

3 製作內餡

將加熱的牛奶慢慢倒入②準備好的蛋黃中，以打蛋器攪拌均勻。以篩子過濾後放入小鍋中以小火煮至濃稠。

4 混合食材

低筋麵粉、糖粉與鹽混合均勻後放入冰涼的奶油，將刮板直立，像切奶油一樣將冰涼的奶油和食材攪拌均勻。

5 倒入冷水製作麵團

將冷水慢慢倒入④以刮刀混合均勻。麵團開始凝結後以手搓揉至沒有生麵粉殘留。

6 擀平麵團

將麵團揉成圓形後以保鮮膜包起，放入冰箱靜置30分鐘左右。將醒好的麵團放在灑了少許麵粉的工作台上，以擀麵棍將麵團擀成約3公釐厚的塔皮。

7 塔皮放入模具中

將擀好的塔皮放在模型上，確實將塔皮貼緊模具。超出邊緣的塔皮以刮板切除，使用叉子在塔皮底部均勻戳洞。

8 填入內餡

將③準備好的內餡填滿⑦至八點五分滿左右。

9 放入烤箱烘烤

放入烤箱以200℃烤約15~20分鐘。

 內餡填得太滿的話可能會溢出，填餡時不要超過模具的八點五分滿。

核桃派

滿載香醇核桃的核桃派不只美味，營養更是滿分。
卡滋卡滋的香脆口感，造就人人都喜愛的代表性派點。

食材（可製作1個直徑18公分
的核桃派）

塔皮
低筋麵粉 ————————200g
泡打粉 ————————1/4小匙
食鹽 ——————————2g
糖粉 —————————15g
奶油 ————————100g
冷水 ————————55毫升

內餡
碎核桃 ————————230g
肉桂粉 ————————1小匙
玉米澱粉 ———————1小匙
食鹽 ——————————少許
黃砂糖 ————————70g
水飴(玉米糖漿) ———120g
融化的奶油 —————30g
雞蛋 ——————————3顆
香草豆莢 ——————1/4支

事前準備
1 奶油與低筋麵粉放在冰箱
　冷藏至使用前。
2 烤箱以200℃預熱。

1 混合食材

低筋麵粉、泡打粉、糖粉與食鹽混合均勻後放入冰涼的奶油，將刮板直立，像切奶油一樣將冰涼的奶油和食材攪拌均勻。

2 倒入冷水製作麵團

將冷水慢慢倒入①以刮刀混合均勻。麵團開始凝結後以手搓揉至沒有生麵粉殘留。

3 擀平麵團

將麵團揉成圓形後以保鮮膜包起，放入冰箱靜置30分鐘左右。將醒好的麵團放在灑了少許麵粉的工作台上，以擀麵棍將麵團擀成約3公釐厚的派皮。

4 派皮放入模具中

將擀好的派皮放在模型上，確實將派皮貼緊模具。超出邊緣的派皮以刮板切除。

5 靜置醒麵

使用叉子在派皮底部均勻戳洞，放入冰箱靜置30分鐘左右。

6 製作內餡

蛋黃以打蛋器打散後混合黃砂糖、食鹽、水飴以及從香草豆莢中取下的香草籽。放入融化的奶油、肉桂粉和玉米澱粉後攪拌均勻。

7 過濾內餡

將⑥準備好的內餡使用篩子過濾一次。

8 填入內餡

將烤好的核桃填滿⑤的派皮後淋上糖漿內餡。

9 放入烤箱烘烤

放入烤箱以190℃烤約35~40分鐘。

 內餡是核桃派風味的靈魂。從雞蛋、砂糖到奶油務必要仔細攪拌均勻，避免產生結塊。

Part 4 麵包

bread

已經從製作餅乾和蛋糕中建立了信心的話，就來試著挑戰製作麵包吧！
雖然長時間揉捏麵團、發酵和烘烤並不簡單，但只要仔細跟著做，
不知不覺間，你也將成為能做出令人垂涎三尺的可口麵包的專家。

麵包基本麵團製作方法

製作麵包所需的麵團，對剛開始接觸烘焙的人來說並不容易。為了讓初學者也能輕鬆照做，在此詳細地寫下了基本要領。只要熟記一次發酵以前的作法，就能靈活應用。

🥄 食材 (可製作10個麵包)

高筋麵粉	250 g
食鹽	5 g
砂糖	32 g
乾酵母	4 g
奶油	45 g
雞蛋	1顆
清水	120毫升

混合食材

1

混合粉類食材

高筋麵粉過篩後放入攪拌盆中，依序加入食鹽、砂糖與乾酵母。注意這個階段先不要讓乾酵母接觸到食鹽與砂糖。

2

混合雞蛋

倒入雞蛋和水，先將雞蛋打散再將所有粉類食材和水混合均勻。

3

攪拌麵團

以刮刀充分混合所有粉類食材，並將麵團集中成一團。

● 製作麵團時調節水量的要領 ●

想做出柔軟的麵包，關鍵是調整麵團的水量。除了隨麵粉、酵母和其他食材的狀態而有所不同，也要按照當天的氣候調整水溫及水量。
夏天時水溫要維持在15℃左右，冬天則要維持在25~30℃才能順利製作麵團與發酵。水量則要在製作麵團的過程中調整。不要一開始就將食譜標示的水量全數加入，預先留下20~30毫升清水後開始製作麵團。製作時一面觀察麵團的狀況，一面酌量加入剩餘的清水即可。如果加入全數的水量麵團還是很硬的話，可以再加上20~30毫升的清水。
製作麵團從開始到結束須在3分鐘內完成，才能做出柔軟的麵包。因為麵粉和水攪拌後會產生筋性，完全產生筋性後無論再加入水或是麵粉都無法被麵團吸收，無法融入麵團中，造成麵團的紋理不佳。麵團完成時若觸感柔軟且富彈性，才是最佳狀態。

● 酵母的使用方法 ●

在不知情的狀況下使用了放置過久以致失效的酵母，導致辛苦做好的麵團無法膨脹而失敗的案例時有所聞。如果不確定手邊的酵母是否還能使用的話，有方法可以事先確認。以1大匙熱水泡開1小匙酵母，放入1/2小匙砂糖後靜置15分鐘。如果產生大量氣泡以及散發氣味的話表示可以使用。相反地，如果沒有出現上述反應的話，表示酵母已經失去發酵的效果，請直接丟棄。如果有產生氣泡但發酵效果看起來有點微弱的話，將5倍用量的酵母放入水中溶解後加入1小匙砂糖混合均勻，置於溫暖的地方發酵後再加入麵團。添加酵母水時要減去食譜中相對的水量。

4

放入奶油
麵團集中後將刮刀取出，開始使用雙手搓揉麵團。待麵團中沒有生麵粉殘留後加入奶油

5

雙手揉捏麵團
以雙手揉捏至奶油均勻滲入麵團中。

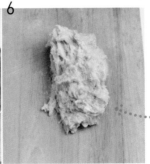

6

將麵團放上工作台
麵團和奶油充分混合均勻後移到工作台上。

先在工作台灑上少許麵粉，雙手也沾上麵粉後再將麵團移上工作台，以減緩麵團沾黏。

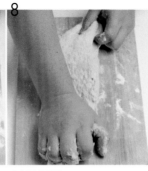

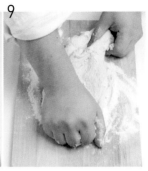

搓揉成團
將放在工作台上的麵團揉成圓形麵團。使用雙手用力搓揉成團。

延展麵團
麵團以手掌用力揉壓,往前延伸到底。

反覆延展摺疊麵團
將延展到底的麵團摺疊後再次延展,重複這個動作5分鐘。透過這個步驟充分混合食材。

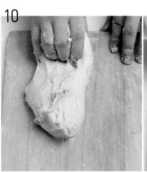

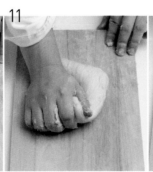

摔打麵團
單手抓柱麵團一端,往工作台摔打將麵團拉長。

延展麵團
將拉長的麵團對摺,以手掌用力揉壓。

反覆摔打延展麵團
再次摔打延展麵團,對摺後以手掌用力揉壓,重複這個動作10分鐘。

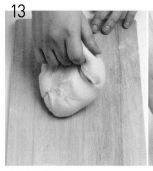

13

揉出彈性

重複上述動作至麵團不會沾黏雙手與工作台，並且出現彈性為止。

14

延展麵團確認狀態

以雙手延展麵團，確認麵團可以延展到薄得幾乎看得見指紋即可。

• 使用麵包機製作麵團的方法 •

使用麵包機簡單輕鬆就能做出麵團。將所有食材放入麵包機後選擇揉麵團功能。一次攪拌完成後放入奶油重複製程完成二次攪拌。要添加其他食材只需在最後3~5分鐘放入一起攪拌即可。攪拌好的麵團直接在麵包機中進行一次發酵。

一次發酵

15

調整溫度

將麵團表面揉整光滑，放在攪拌盆中調整溫度至27℃。

16

發酵2~5小時

以保鮮膜包覆攪拌盆，在27℃的環境下發酵2~5小時。

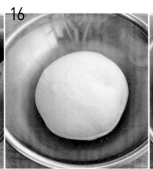

17

膨脹至2倍以上

發酵完成時麵團會膨脹至2倍以上。

18

按壓麵團確認狀態

手指沾上少許麵粉後按壓麵團確認。若按壓的痕跡維持不變即表示發酵完成；痕跡馬上回彈表示發酵不足；而痕跡擴大則表示發酵過度。

小餐包

在忙碌的早晨配上一杯牛奶，就能享用簡單的一餐。
適合塗抹奶油或果醬後享用。

食材 (可製作12個小餐包)

高筋麵粉	230g
低筋麵粉	20g
乾酵母	4g
食鹽	5g
砂糖	32g
奶油	30g
雞蛋	1顆
牛奶	50毫升
清水	70毫升

事前準備

1 奶油與雞蛋使用前先在室溫下退冰1小時。
2 高筋麵粉與低筋麵粉預先過篩。
3 烤箱以200℃預熱。

1 製作麵團並進行一次發酵

參考118頁基本麵包麵團的製作方法，混合食材製作麵團後進行一次發酵。

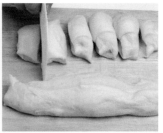

2 麵團切塊

將一次發酵好的麵團放在灑了少許麵粉的工作台上，以刮板將麵團切成每份40g的小塊。

3 搓揉麵團

將切成小塊的麵團一一放在手掌上，搓揉成表面光滑的圓球。

4 靜置醒麵

將保鮮膜或棉布蓋在揉成圓球的麵團上防止水分蒸發，在室溫下靜置10分鐘醒麵。

5 進行二次發酵

醒好的麵團一一搓揉後移到烤盤上排列整齊，蓋上保鮮膜或棉布後放在30℃左右溫暖的環境下靜置40~45分鐘進行二次發酵。

6 放入烤箱烘烤

麵團放入烤箱以200℃烤約10分鐘。

 小餐包可以一次烤好，之後只需要簡單加熱就可以享用，十分便利。烤好的小餐包完全冷卻後，須收在密封袋或是密封容器中冷凍保存。

卡士達麵包

半月形麵包裡包入滿滿柔軟卡士達奶油餡做成的麵包。
在口中緩緩融化的甜美滋味無與倫比。

食材 (可製作10個奶油麵包)

高筋麵粉	230 g
低筋麵粉	20 g
乾酵母	4 g
食鹽	5 g
砂糖	32 g
奶油	45 g
雞蛋	1顆
牛奶	50毫升
清水	70毫升

卡士達奶油餡

低筋麵粉	25 g
砂糖	45 g
奶油	20 g
牛奶	220毫升
鮮奶油	30毫升
蛋黃	3顆
香草豆莢	1/3支

蛋液 (glaze)

雞蛋	1/2顆
牛奶	50毫升

事前準備

1 奶油與雞蛋使用前先在室溫下退冰1小時。
2 高筋麵粉與低筋麵粉預先過篩。
3 雞蛋打散後與牛奶混合做成蛋液。
4 烤箱以200°C預熱。

1 牛奶加熱

將牛奶和鮮奶油倒入小鍋中，加入從香草豆莢中取出的香草籽，以小火加熱至沸騰後熄火。

2 混合食材

蛋黃、砂糖、低筋麵粉以打蛋器混合後，慢慢倒入煮好的①攪拌。

3 煮卡士達奶油餡

將②過篩後以小火一面攪拌一面煮至濃稠。加入奶油攪拌至融化後熄火冷卻。

4 製作麵團並進行一次發酵

參考118頁基本麵包麵團的製作方法，混合食材製作麵團後進行一次發酵。

5 靜置醒麵

將一次發酵好的麵團分成每份45g的小塊，一一放在手掌上搓揉成圓球，蓋上保鮮膜或棉布靜置10分鐘。

6 放入卡士達奶油餡

醒好的麵團以擀麵棍擀成圓形，一一放上30g的卡士達奶油餡。

7 做出半月型造型

在麵團邊緣沾上少許清水，對折後壓緊邊緣，做成半月形。

8 畫上刀痕進行二次發酵

使用刮板在麵團邊緣畫上刀痕，移到烤盤後刷上蛋液。蓋上棉布放在30℃左右溫暖的環境下，靜置約40分鐘進行二次發酵。

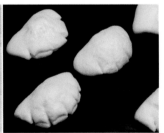

9 放入烤箱烘烤

麵團放入烤箱以200℃烤約10~15分鐘。

製作卡士達奶油餡時酌量減少牛奶的分量，並添加相對分量的鮮奶油，即可做出口感柔軟且風味更加濃郁的卡士達奶油餡。視個人口味調整。

紅豆麵包

怎麼吃都不會膩的紅豆麵包，不論男女老少都喜歡。
輕輕灑上黑芝麻點綴更能激發食慾。

食材 (可製作10個紅豆麵包)

高筋麵粉	230 g
低筋麵粉	20 g
乾酵母	4 g
食鹽	5 g
砂糖	32 g
奶油	45 g
雞蛋	1顆
牛奶	50毫升
清水	70毫升

內餡

紅豆餡	500 g

蛋液 (glaze)

雞蛋	1/2顆
牛奶	50毫升

事前準備

1 奶油與雞蛋使用前先在室溫下退冰1小時。
2 高筋麵粉與低筋麵粉預先過篩。
3 雞蛋打散後與牛奶混合做成蛋液。
4 烤箱以200°C預熱。

1 製作麵團並進行一次發酵

參考118頁基本麵包麵團的製作方法，混合食材製作麵團後進行一次發酵。

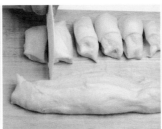

2 麵團切塊

將一次發酵好的麵團放在灑了少許麵粉的工作台上，以刮板將麵團切成每份45g的小塊。

3 搓揉麵團

將切成小塊的麵團一一放在手掌上，搓揉成表面光滑的圓球。

4 靜置醒麵

將保鮮膜或棉布蓋在揉成圓球的麵團上防止水分蒸發，在室溫下靜置10分鐘醒麵。

5 放入紅豆餡

醒好的麵團以擀麵棍擀成圓形，一一放上45g的紅豆餡。

6 做出造型

將紅豆餡往裡壓，一面將麵團收口一面包起內餡，最後以手壓扁麵團。

7 刷上蛋液

將做好造型的麵團移到烤盤上，以毛刷刷上蛋液。

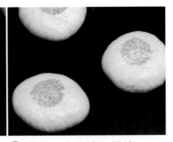

8 進行二次發酵及烘烤

將麵團蓋上保鮮膜或棉布，放在30~35℃左右溫暖的環境下靜置約40分鐘進行二次發酵後，放入烤箱以200℃烤約10~15分鐘。

 填紅豆餡時若同時放入2~3顆核桃，可增添堅果香氣和口感，呈現特殊風味。

咖啡麵包

帶有濃醇的咖啡香的咖啡麵包甜蜜濕潤，飽受喜愛。
表皮酥香內裡柔軟的口感是製作重點。

食材 (可製作8個咖啡麵包)

高筋麵粉	230 g
低筋麵粉	20 g
乾酵母	4 g
食鹽	5 g
砂糖	32 g
奶油	45 g
雞蛋	1顆
牛奶	50毫升
清水	70毫升

內餡

加鹽奶油	120 g

咖啡酥皮 (topping)

低筋麵粉	50 g
即溶咖啡	1/2大匙
糖粉	50 g
奶油	50 g
雞蛋	1顆

事前準備

1 奶油與雞蛋使用前先在室溫下退冰1小時。
2 高筋麵粉與低筋麵粉預先過篩。
3 雞蛋預先打散備用。
4 烤箱以190°C預熱。

1 混合奶油‧糖粉

將製作咖啡酥皮用的奶油以打蛋器打發至乳霜狀後，加入糖粉混合至奶油成白色為止。

2 混合雞蛋

將雞蛋慢慢倒入①中，以打蛋器混合均勻。

3 完成咖啡酥皮

將製作咖啡酥皮用的低筋麵粉和即溶咖啡加入②，以刮刀輕輕混合均勻後填入擠花袋中。

4 製作麵團並進行一次發酵

參考118頁基本麵包麵團的製作方法，混合食材製作麵團後進行一次發酵。

5 切割及搓揉麵團

將一次發酵好的麵團切成每份60g的小塊，一一放在手掌上搓揉成表面光滑的圓球。

6 靜置醒麵

將揉成圓球的麵團排列整齊，蓋上保鮮膜，在室溫下靜置10分鐘醒麵。

7 放入內餡

醒好的麵團以擀麵棍擀成圓形，一一放上15g的加鹽奶油，一面將麵團收口一面包起內餡。

8 進行二次發酵

將做好造型的麵團移到烤盤上，蓋上保鮮膜或棉布，放在30~35℃左右溫暖的環境下靜置約40~45分鐘進行二次發酵。

9 放入烤箱烘烤

將咖啡酥皮以繞圈的方式擠在二次發酵好的麵團上，放入烤箱以190℃烤約15分鐘。

 製作酥皮時若以可可粉取代即溶咖啡，即可做出合小孩子口味的可可麵包。

貝 果

作為「紐約客的早餐」而聞名的清淡麵包。
麵團先在滾水中燙過再烘烤，所以脂肪含量少而倍受歡迎。

食材 (可製作8個貝果)

高筋麵粉	300g
乾酵母	3g
食鹽	6g
砂糖	15g
橄欖油	1大匙
清水	80毫升

事前準備

1 高筋麵粉預先過篩。
2 烤箱以200℃預熱。

1 製作麵團

使用刮刀將高筋麵粉、砂糖、食鹽、乾酵母、清水及橄欖油混合均勻。將麵團放在灑了少許麵粉的工作台上，以雙手搓揉10~15分鐘至表面光滑。

2 進行一次發酵及切割麵團

將麵團放在攪拌盆中，蓋上保鮮膜或棉布，在27℃的環境下靜置2~3小時，麵團發酵後切割成每份60g的小塊。

3 靜置醒麵

將麵團放在手掌上搓揉成表面光滑的圓球，蓋上保鮮膜或棉布後靜置10分鐘。

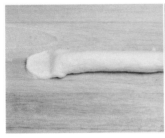

4 延展麵團

醒好的麵團置於桌上以手搓揉，形成約15公分長的細長麵團後將一端壓扁。

5 做出造型

將壓扁的一端接上麵團另一端黏好，做成甜甜圈造型。

6 進行二次發酵

將做好造型的麵團蓋上保鮮膜，放在30℃左右的溫暖環境下靜置約30~35分鐘，進行二次發酵。

7 汆燙麵團

將二次發酵好的麵團一一放入滾水汆燙30秒。

8 放入烤箱烘烤

汆燙好的麵團移到烤盤上，放入烤箱以200℃烤約15~20分鐘。

 貝果二次發酵的時間要比其他麵包短。若二次發酵時間過長，麵團在汆燙時容易變形。

免揉麵包
(No Knead Bread)

不需以手搓揉，只要在室溫下靜置麵團就會自動成形的麵包。
製作方法簡便，風味素雅宜人。

食材（可製作1個25x12公分
的免揉麵包）

高筋麵粉 ———————— 300g
乾酵母 ———————————— 1g
食鹽 ———————————————— 6g
清水 ———————————— 240毫升

事前準備

1 高筋麵粉預先過篩。
2 烤箱以210℃預熱。

1 混合食材
將高筋麵粉、乾酵母、食鹽依序放入攪拌盆中，倒入清水後以刮刀均勻攪拌至沒有生麵粉殘留為止。

2 進行一次發酵
將①蓋上保鮮膜或棉布，在22~24℃的環境下靜置12小時進行一次發酵。

3 摺疊麵團
將一次發酵好的麵團放在灑了少許麵粉的工作台上，延展麵團後以三等分摺疊起來。

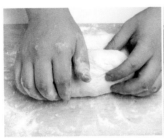

4 做出造型
將麵團換個方向再次以三等分摺疊後，將摺疊好的麵團整理成橢圓形。

5 進行二次發酵
將做好造型的麵團移到烤盤上，蓋上保鮮膜在室溫下靜置約2小時進行二次發酵。

6 畫出刀痕
麵團膨脹至兩倍大時，灑上麵粉並畫上一長條刀痕。

7 放入烤箱烘烤
將畫上刀痕的麵團放入烤箱，以210℃烤約15分鐘，麵團上色後轉為180℃繼續烤約20分鐘。

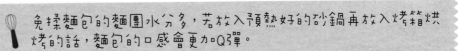

免揉麵包的麵團水分多，若放入預熱好的砂鍋再放入烤箱烘烤的話，麵包的口感會更加Q彈。

佛卡夏
（Focaccia）

義大利麵包佛卡夏添加了滿滿的橄欖油烘烤而成，風味香濃堪稱極品。
試著以手指按壓麵團做出造型吧！

食材（可製作1個17x17公分
的佛卡夏）

高筋麵粉	210 g
乾酵母	3 g
食鹽	4 g
砂糖	20 g
迷迭香	1 g
碎核桃	20 g
橄欖油	20 g
清水	130毫升

事前準備

1 高筋麵粉預先過篩。
2 迷迭香切碎備用。
3 核桃以烤箱稍微烘烤。
4 烤箱以190°C預熱。

1 製作麵團
將高筋麵粉、砂糖、食鹽、乾酵母、清水及橄欖油混合均勻，加入迷迭香和碎核桃混合後搓揉約10分鐘。

2 進行一次發酵
將麵團放在攪拌盆中蓋上保鮮膜或棉布，在27°C的環境下靜置45分鐘進行一次發酵。

3 排除氣體
拿起一次發酵好的麵團輕輕摔在工作台上以排除氣體。

4 裝入模具
在四角模具中塗抹橄欖油後放入麵團，在麵團上刷上橄欖油，以指尖按壓將麵團鋪平。

5 進行二次發酵
將麵團蓋上保鮮膜，在溫暖的環境下靜置約35分鐘進行二次發酵。

6 放入烤箱烘烤
將麵團放入烤箱，以190°C烤約20分鐘。

 也可以在麵團上以義式香草或是橄欖等配料點綴後再烘烤。

低溫熟成土司

經過長時間熟成，就算放了一段時間也能維持柔軟口感的發酵土司。
做成烤土司或是三明治都好吃。

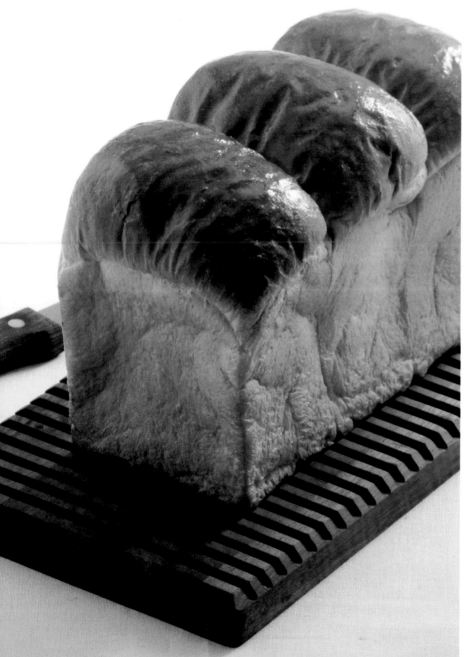

食材（可製作1條30x10公分的土司）

高筋麵粉	200 g
乾酵母	4 g
食鹽	5 g
砂糖	35 g
脫脂奶粉	10 g
奶油	40 g
雞蛋	40 g
牛奶	10毫升

湯種

高筋麵粉	20 g
清水	95毫升

潤色液 (polish)

高筋麵粉	100 g
乾酵母	1 g
清水	100毫升

事前準備

1 高筋麵粉預先過篩。
2 烤箱以180℃預熱。

1 製作湯種

將湯種食材在小鍋中混合均勻避免結塊，以小火加熱，過程中不時攪拌避免燒焦。

2 湯種熟成

湯種開始像糨糊一樣凝固時確認溫度，待溫度上升至65℃時即可關火。湯種完全冷卻後覆蓋上保鮮膜，放入冰箱冷藏10小時以上熟成。

3 製作液種

酵母在水中溶化後放入高筋麵粉，以刮刀攪拌均勻。以保鮮膜覆蓋後在室溫下靜置2小時左右發酵，放入冰箱冷藏8~12小時熟成。

4 製作麵團

將高筋麵粉、砂糖、食鹽、脫脂奶粉、乾酵母依序放入攪拌盆中，倒入雞蛋、牛奶、液種、湯種後混合均勻。麵團凝固後放入奶油，搓揉至麵團光滑有彈性為止。

5 進行一次發酵

將保鮮膜或棉布蓋在④的麵團上，在22~24℃的環境下靜置12小時左右進行一次發酵。

6 靜置醒麵

將發酵好的麵團分成三團，麵團搓揉成圓球後蓋上保鮮膜靜置10分鐘。

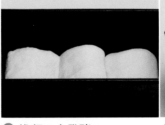

7 做出造型

將醒好的麵團放在灑了少許麵粉的工作台上，以擀麵棍擀平麵團。長邊以三等分摺疊後換個方向捲起麵團，收緊麵團以免造型散開。

8 進行二次發酵

將三團麵團整齊放入土司模具中，以手輕壓使麵團貼緊底部並填滿模具。蓋上保鮮膜或棉布，在30~35℃的溫暖環境下靜置約40分鐘進行二次發酵。

9 放入烤箱烘烤

麵團膨脹至超過土司模具約1公分高時放入烤箱，以180℃烤約30分鐘。

 使用具有不沾塗層的土司模具。若沒有土司模具也可使用磅蛋糕模具代替。

【Gooday 03】MG0003

愛上小烤箱：家用小烤箱讓你家廚房變成麵包店！
餅乾、司康、蛋糕、瑪芬、麵包，小烤箱也能做出不輸專業的美味糕點

미니오븐으로 시작하는：
쿠키·빵·케이크 폼나게 만들어 마음껏 자랑하세요

作者	高上振 고상진
譯者	樊姍姍
美術設計	走路花工作室
總編輯	郭寶秀
責任編輯	周奕君
行銷企劃	林泓伸
發行人	涂玉雲
出版	馬可孛羅文化
	104 台北市民生東路 2 段 141 號 5 樓
	電話：02-25007696
發行	英屬蓋曼群島商家庭傳媒股份有限公司城邦分公司
	台北市中山區民生東路二段 141 號 11 樓
	客服服務專線：(886)2-25007718; 25007719
	24 小時傳真專線：(886)2-25001990; 25001991
	服務時間：週一至週五 9:00～12:00；13:00～17:00
	劃撥帳號：19863813 戶名：書虫股份有限公司
	讀者服務信箱：service@readingclub.com.tw
香港發行所	城邦（香港）出版集團有限公司
	香港灣仔駱克道 193 號東超商業中心 1 樓
	電話：（852）25086231 傳真：（852）25789337
	E-mail：hkcite@biznetvigator.com
馬新發行所	城邦（馬新）出版集團
	Cite (M) Sdn. Bhd.(458372U)
	41, Jalan Radin Anum, Bandar Baru Seri Petaling,
	57000 Kuala Lumpur, Malaysia
	電話：（603）90578822 傳真：（603）90576622
輸出印刷	中原造像股份有限公司
初版一刷	2014 年 10 月
初版六刷	2016 年 4 月
定　價	320 元（如有缺頁或破損請寄回更換）

版權所有　翻印必究

國家圖書館出版品預行編目 (CIP) 資料

愛上小烤箱：家用小烤箱讓你家廚房變成麵包店！
餅乾、司康、蛋糕、瑪芬、麵包，小烤箱也能做出
不輸專業的美味糕點 / 高上振著；樊姍姍譯. -- 初
版. -- 臺北市：馬可孛羅文化出版：家庭傳媒城邦分
公司發行, 2014.10
　面；　公分
ISBN 978-986-5722-26-5(平裝)

1. 點心食譜

427.16   103016269